DISSERTATIONS

SUR

LE TABAC, LE CAFÉ, LE CACAO ET LE THÉ,

ORNÉES DE PLANCHES EN TAILLE-DOUCE;

Par Mr. BUC'HOZ,

Médecin de MONSIEUR, frère du Roi, Membre de plusieurs Académies.

SECONDE ÉDITION.

Prix 2 Liv.

A PARIS,

Chez l'Auteur, rue de la Harpe, N.º 109.

M. DCC. LXXXVIII.

Avec Approbation & Privilège du Roi.

PRÉFACE.

Les Differtations, dont nous donnons ici une nouvelle édition, font au nombre de cinq, & extraites de notre *Hiftoire générale & économique des Plantes*. Le Public a paru défirer de les voir réunies dans un petit volume portatif, c'eft pour nous y conformer que nous les publions fous format in-8°. Nous avons joint à ces Differtations quatre planches gravées, qui repréfentent les figures des plantes dont il y eft fait mention. Un Pyrate Liégeois, pour nous enlever les fruits de nos travaux, a publié une contrefaçon de quatre de ces differtations qui eft très-fautive & fans aucune planche ; pour prouver au Public notre défintéreffement , nous nous contentons de nos débourfés , & nous lui

laiſſons ce recueil de Diſſertations pour
2 liv. prix de la contrefaçon, quoiqu'il
s'en trouve une de plus, & qu'elles ſoient
accompagnées de quatre planches, qui ne
ſe trouvent pas dans cette contrefaçon.

DISSERTATION

SUR LE TABAC,

Et fur fes bons & mauvais effets.

CE genre de plante, connu fous le nom de *Nicotiana , Tourn. Tabacum mexic. Tornabona , Cæfalp, caffin J. B. Blennochoës , pachyphylla , Renealm. Tamaka Seneg.* ; en françois, *Tabac, Petun.* Son caractère eft d'avoir le périanthe du calice monophyle , oval , à demi fendu en cinq, perfiftant ; la corolle eft monopétale , infundibu- liforme ; le tube eft plus long que le calice ; le limbe eft ouvert, à demi fendu en cinq, à cinq plis ; les filamens des étamines font au nombre de cinq, en forme d'alènes, prefque de la lon- gueur de la corolle, montans; les anthères font oblongues, le germe du piftil eft oval ; le ftil eft filiforme , de la longueur de la corolle ; le ftig- mate eft en tête, échancré ; le péricarpe eft une capfule ovale, rayée de chaque côté, à deux loges, s'ouvrant par le fommet; les réceptacles font à demi ovales, pointillés , attachés à la cloi- fon ; les femences font nombreufes , en forme de reins , ridées. Ce genre varie par la figure de fes

A

feuilles & de ses fleurs, qui sont, ou pointues, ou obtuses : il fait partie de la cinquième classe du système du Chevalier de Linné, qui comprend les plantes pentandriques, & du premier ordre de cette classe, destinées aux monogyniques : cet auteur en admet sept espèces.

La première espèce est le tabac ordinaire : *Nicotiana Tabacum. Nicotiana foliis lanceolato-ovatis sessilibus decurrentibus, floribus acutis. Linn. syst. plant. edit. Reich. t. 1 , p. 502. Mat. Med. 64. Mill. dict. n°. 2. Black. , t. 146, Kniph. Cent. 4 t. 45. Ludw. Ect. t. 167. Knor. Del. 1 , t. T. 2 Sabb. Hort. 1 , t. 89. Nicotiana foliis lanceolatis. Hort. Cliff. 56. Hort. Upf. 45. Roy. Lugdb. 423. Sp. plant. 1 , p. 180. Nicotiana major latifolia. Bauh. pin. 169. Blennochoes Reneal. Spec. 37 ;* en allemand, *Tabak* ; en anglois, *Tobaco* ; en italien, *Tabacco.* La racine de cette espèce est rameuse, fibreuse, blanchâtre ; la tige s'élève depuis trois jusqu'à cinq pieds, grosse d'un pouce, ronde, velue, branchue, remplie de moëlle ; les feuilles sont alternes, larges, lancéolées, nerveuses, velues, glutineuses, adhérentes par leur base, courantes ; les fleurs naissent au sommet, rassemblées en bouquet, infundibuliformes, dont le tube est plus long que le calice, le lymbe ouvert, divisé & replié en cinq parties ; la corolle est rougeâtre ; la capsule du fruit est remplie d'un si grand nombre de petites semences, qu'on y en a compté jusqu'à mille, & qu'au rapport de J. Ray, un seul pied de tabac a produit 36000 grains. Cette espèce est représentée dans la nouvelle édition de Blackwel, pl. 146 ; dans la quatrième centurie de Kniphof, pl. 55 ; dans l'*Ectypa regetab.* de Ludwig, pl. 167 ; dans le *Thesaurus rei herbariæ* de Knorr, t. 1 , pl. T. 11 ; dans l'*Hortus romanus*, t. 1 , pl. 89 ; dans le *Specimen* de Renealme, pl. 38 & dans nos *Dons merveilleux dans le règne végétal*, t. 1, pl. 7. Elle croît naturellement dans l'Amérique, d'où elle nous a été apportée, en 1560. Si on la préferve des gelées, elle eft vivace.

Le tabac eft une plante fi ufuelle, que prefque tout le monde en fait ufage. La nature n'a jamais rien produit qu'on ait employé fi univerfellement & fi rapidement. Deprades, qui nous a donné l'hiftoire du tabac, prétend que les Efpagnols furent les premiers qui connurent cette plante; ils la découvrirent à *Tabacco*, province du royaume d'Iucatan, où elle croît naturellement. Fernandez de Tolède en envoya, en 1560, de la femence en Efpagne & en Portugal : l'année fuivante, Mr. Nicot, Ambaffadeur de France dans ce dernier royaume, fit femer dans fon jardin la graine de cette plante, qu'un Gentilhomme, Garde des Chaffes de Sébaftien, Roi de Portugal, lui avoit donnée; elle y crût parfaitement bien, & s'y multiplia beaucoup; ce fut pour lors, qu'un des Pages de cet Ambaffadeur fit par hafard l'effai de cette plante; il en appliqua le jus & le marc fur un ulcère malin, connu fous le nom de *noli me tangere*, qu'un de fes parens avoit au nez, en peu de temps il fut guéri. Cette guérifon fe fit fous les yeux même de l'Ambaffadeur, & des plus habiles Médecins du pays, qui en voulurent être les témoins oculaires. Peu de tems après il fe préfenta une autre occafion, pour faire ufage de cette herbe; le cuifinier du même Ambaffadeur fe coupa prefqu'entièrement le pouce avec un grand couteau de cuifine; le Maître d'Hôtel eut recours à cette plante, & la plaie fut guérie, après cinq ou fix appareils; ces deux cures mirent en peu de tems la Nicotiane en réputation.   A 2

A Lisbonne on ne parloit que de cette plante ; un Gentilhomme de campagne, ayant depuis deux ans un ulcère à la jambe, tâcha par tout moyen de se procurer de cette herbe ; il n'en eut pas fait usage pendant dix ou douze jours, qu'il en fut radicalement guéri. Une femme, dont le visage étoit entièrement couvert d'une dartre encroûtée, fut guérie par cette plante, en en appliquant le jus & le marc, pendant huit jours, sur la partie malade. Le fils d'un Capitaine ayant les écrouelles, pour la guérison desquelles on vouloit l'envoyer en France, vint consulter l'Ambassadeur, qui l'en dissuada, en lui conseillant de faire usage de l'herbe miraculeuse qu'on cultivoit dans ses jardins ; il ne s'en eut pas plutôt servi, qu'il s'apperçut d'un grand changement, & enfin d'une guérison radicale. Mr. Nicot, voyant des phénomènes de cette plante si merveilleux & si souvent réitérés, ayant d'ailleurs été instruit que Madame de Montigny étoit morte à Saint-Germain-en-Laye d'un ulcère aux mammelles, auquel on n'avoit pu apporter aucune guérison, & que Madame la Comtesse de Ruffa avoit le visage couvert d'une dartre, qu'aucun médicament n'avoit pu guérir, s'empressa de faire part de cette plante à sa patrie ; il en envoya à François I, son Maître, & à la Reine mère, nommée *Cathérine de Médicis*, avec la façon de la cultiver & de l'employer ; depuis ce tems, on a cultivé cette plante en France.

Amurat IV, Empereur des Turcs, le Grand-Duc de Moscovie & le Roi de Perse, défendirent l'usage du tabac à leurs sujets, sous peine de la vie, ou tout au moins d'avoir le nez coupé.

On trouve une bulle d'Urbain VIII, par laquelle il excommunie ceux qui prennent du tabac dans les églifes : fi cette bulle n'a pas été révoquée, combien n'y a-t-il pas d'excommuniés, fans le favoir, parmi les Catholiques Romains ?

Jacques Stuard, Roi d'Angleterre, a compofé lui-même un traité contre l'ufage du tabac. Le père Labat, Jacobin, dans fon voyage d'Amérique, rapporte que cette plante fut comme une pomme de difcorde, qui alluma une guerre très-vive entre les favans.

Mr. Fagon, premier Médecin de Louis XIV, s'en déclara l'antagonifte ; il compofa contre cette plante, plufieurs ouvrages, entr'autres une thèfe fameufe, qui a été foutenue plufieurs fois dans les écoles de Médecine de Paris : on rapporte de ce premier Médecin, qu'il prenoit fans ceffe du tabac, dans le tems même que, par de nouveaux argumens, il cherchoit à fermer la bouche à fes adverfaires; un pareil exemple étoit une apologie, ou plutôt un fyllogifme, qui pouvoit renverfer aifément fon fyftème ; auffi difoit - on à ce Médecin de mettre fon nez d'accord avec fon argumentation.

„ Quel a été l'homme affez téméraire , dit Mr. „ Fagon, dans cette thèfe, pour effayer le „ premier un poifon plus redoutable que la ciguë, „ plus terrible que le pavot & plus funefte que la „ jufquiame & la mandragore ; lorfqu'il a ouvert „ la tabatière, il ne favoit pas qu'il ouvroit la „ boîte de Pandore, d'où devoient fortir mille „ maux plus cruels les uns que les autres ; & en „ effet, auffi-tôt qu'on en a pris, pour la première „ fois, on reffent un trouble qui femble nous avertir de la préfence d'un poifon que nous venons „ de prendre : l'eftomac eft renverfé par les nau„ fées & les vomiffemens ; la tête eft faifie d'une

» ivreffe qui lui occafionne des éternuemens & des
» étourdiffemens ; les yeux font couverts de ténè-
» bres femblables au voile que tire la mort au der-
» nier inftant de la vie ; le corps entier éprouve un
» friffonnement femblable à celui de la fièvre ; le
» cœur lui-même fe rallentit dans fon action , &
» quelquefois la fufpend ; en un mot, la mémoire,
» le jugement & tous les fens font troublés ,
» lorfqu'on fait malheureufement l'épreuve du
» abac.

 » Peut-on , continue Mr. Fagon , ne pas être
» épouvanté de pareils fymptôme ; & un homme
» de bon fens voudra-t-il expofer fa vie, pour fe
» familiarifer avec fon bourreau ? Il abandonnera
» cette trifte reffource aux malheureux , pour chaf-
» fer leurs ennuis dans leurs travaux , leurs mifères
» & leurs tourmens. Il ne fe laiffera pas féduire
» par les funeftes appas d'une poudre qui lui gâte
» le nez , & d'une fumée qui lui falit la bouche ;
» fi par malheur, malgré tous fes confeils , il
» cherche à s'en faire une dangereufe habitude ,
» alors tous les efforts de la raifon , & tous les
» avis font inutiles, il ne peut plus fe débarraf-
» fer de cet ennemi : pernicieufe volupté , qui
» fembles aveugler ceux que tu as préoccupés !
» Tous les autres plaifirs entraînent avec eux une
» fatiété qui les affoiblit ; il n'y a que celui de
» prendre du tabac qui dégénère en une malheu-
» reufe néceffité. Le nez , cet organe deftiné pour
» être l'inftrument de l'odorat , n'eft pas fait pour
» fervir d'égoût à toutes les humeurs qu'il plaît
» d'y attirer par la force. Il eft vrai que , dans
» l'enfance & la vieilleffe , les humeurs fe portent
» plus abondamment vers la membrane pituitaire ;
» mais , dans un âge mûr , fe provoquer un ca-
» tharre continuel , c'eft placer trop près du fiège

» de l'ame, un réceptacle d'immondices ; c'eſt
» dépouiller le ſang d'une férofité qui lui eſt né-
» ceſſaire ; c'eſt appeller au plus vîte une mort
» qui ne venoit qu'à pas lents : une pareille paſ-
» ſion doit être regardée comme celle qui nous
» porte vers le ſexe ; l'une eſt pour les narines
» ce que l'autre eſt pour le ſentiment de la géné-
» ration : on a dit que ce dernier attrait étoit une
» courte épilepſie ; on pourroit dire que le pre-
» mier eſt une épilepſie continuelle ; les fréquens
» éternuemens ne ſont-ils pas de véritables convul-
» ſions, qui peuvent déranger les fonctions qui ſe
» font dans les parties fort éloignées de la tête ?
» Pour ſe convaincre de cette vérité, il ſuffit de
» jeter les yeux ſur les femmes hyſtériques, ou
» ſur les vaporeux, qui perdent connoiſſance
» pour avoir ſenti la moindre odeur ; cependant,
» malgré toute ſa ſévérité, Mr. Fagon ne peut
» s'empêcher d'admettre, dans le tabac, quelques
» bonnes qualités ; mais, plus ces qualités ſont
» admirables, plus elles ſont redoutables : il faut
» craindre nos ennemis dans les tems même qu'ils
» viennent à nous les mains chargées de préſens :
» *Timeo Danaos, vel dona ferentes.*

Cependant, ſi l'on en croit ceux qui ont en-
trepris la défenſe du tabac contre Mr. Fagon
& ſes antagoniſtes, cette plante eſt le plus riche
tréſor qui ſoit venu du pays de l'or ; elle
réunit en elle ce que les autres plantes n'ont
que ſéparé. La nature, ſi merveilleuſe en ſes
productions, a eu tort, diſent-ils, de la cacher
pendant ſix mille ans à la plus belle partie du
monde ; elle fut, pour ainſi dire, injuſte de la
réléguer pendant ſi long-tems parmi les ſau-
vages & les barbares, & d'avoir plus d'indul-
gence pour eux que pour nous : enfin, le ta-

bac, continuent-ils, marque fi bien fa puiffance, qu'étant réduit en poudre & en fumée, il garde encore tout fon prix & fa force.

Le nom vulgaire de tabac, qu'on a donné à cette plante, tire fon étymologie du pays d'où il nous a été apporté. Les naturels du pays lui ont donné celui de *Petun*, que nous avons latinifé en *petunum*. Tout le monde fait que fes noms de *Nicotiane*, d'*Herbe de grand-Prieur* & d'*Herbe à la Reine*, ne lui font venus, que parce que Mr. Nicot, Mr. le grand-Prieur, & la Reine Cathérine de Médicis, ont été les premiers qui l'ont mis en réputation. Le Cardinal de Sainte-Croix, Nonce en Portugal, & Nicolas Tornabon, Légat en France, qui la firent connoître en Italie, lui acquirent le nom d'*Herbe de Sainte-Croix* & de *Tornabonne*. Plufieurs la nomment la *Buglofe* ou la *panacée antarctique*; d'autres, l'*herbe facrée* ou *fainte*, à caufe de fes vertus miraculeufes. Quelques Botaniftes, par rapport à fa vertu narcotique, qui lui eft commune avec la jufquiame, en ont fait une efpèce, & l'ont nommée la *Jufquiame du Pérou*; mais ils ont tort, elle n'en a ni le port, ni la fleur, ni la configuration.

Les auteurs qui ont écrit fur cette plante, font Magneuzes, Thorius, Gilles Éverhard, Simon Pauli, qui s'eft totalement déclaré fon antagonifte: Jacques I, Roi d'Angleterre, Schroder, Charles Etienne, Jean Libuldus, Victor Pella, Beverftein, Maradon, Scriverius, Lauremberg, Alftadius, Cohaufen, de Prades, Jean Liebault, Dubois, &c.

Pour ce qui concerne la culture du tabac, rien n'eft plus facile; il demande une terre graffe & humide, expofée au midi, labourée & mondée avec du fumier confommé : Il fe sème à la fin de Mars ; vous faites un petit trou en terre de la groffeur d'un doigt ; vous y jettez dix ou douze grains de tabac, & vous rebouchez le trou ; lorfqu'il eft levé, vous arrofez la plante pendant le tems fec, & vous la couvrez avec des paillaffons pendant le grand froid ; comme chaque grain pouffe une tige, il faut en féparer les racines ; lorfque la plante eft parvenue à la hauteur de deux ou trois pieds, vous coupez le fommet de chaque tige, avant qu'elle fleuriffe, & afin qu'elle fe fortifie, vous arrachez celles qui font piquées de vers, ou qui veulent fe pourrir. Comme on ne fait ufage que des feuilles de tabac, pour connoître fi elles font mûres, il faut qu'elles fe détachent facilement de la plante ; c'eft pour l'ordinaire fur la fin d'Août ; vous cueillez pour lors les plus belles, vous les enfilez par la tête, vous en faites des paquets, & vous les mettez fécher dans un grenier ; vous laiffez la tige en terre, pour donner le tems aux autres feuilles de mûrir ; vous gardez quelques tiges, que vous ne pincez pas, afin d'avoir de la femence pour l'année fuivante, que vous pouvez conferver jufqu'au mois d'Avril : on appelle les paquets de feuilles, *magnotes* ou *manoques*.

Il s'agit actuellement d'entrer dans le détail des différentes préparations du tabac : on commence d'abord par détacher les manoques ; on choifit, parmi les bottes des feuilles, celles propres à faire des robes. Les robes font les feuilles les plus longues & les plus larges, deftinées à recouvrir les rolles ; on mouille les feuilles avec un balai fervant d'afperfoir ; de-là on les palfe à l'attelier des écôteurs ; pour ce qui

eſt des autres feuilles, on les amaſſe par couche,
qu'on a auſſi ſoin d'aſperger : cette mouillade ſe
fait pour l'ordinaire à rez - de - chauſſée ; on
tranſporte enſuite les feuilles au premier étage,
où il y a pluſieurs petits enfans, qui ſont occupés à les écôter, c'eſt-à-dire, à en ôter la
côte longitudinale ; ils jettent les feuilles écôtées
dans un panier, & les côtes derrière eux, qu'on
raſſemble pour brûler ; ce qui fait de fort bonnes cendres, qui ſont même trop fortes pour
leſſiver le linge ; les feuilles écôtées, on en fait
des boudins & on les file. Ce travail ſe pratique ordinairement, ſur une table fort élévée,
& diviſée par des cloiſons, en quatre parties
égales, qui ſont les places d'autant d'ouvriers:
chaque ouvrier prend une certaine quantité de
feuilles proportionnée à la groſſeur qu'il veut
donner au boudin ; il les comprime par un
premier tord, & les fait paſſer enſuite, à l'ouvrier fileur, pour être filées les unes au bout des
autres : celui-ci eſt ſervi par deux petits enfans,
dont l'un lui fournit les boudins, & l'autre les
robes pour les unir ; un troiſième fait tourner
le rouet ; ordinairement le fileur a ſoin de ſe
frotter les mains avec une éponge imbibée d'huile
d'olive, pour que le boudin roule avec plus de
facilité entre elles & la table ; lorſque le rouet
eſt entièrement chargé, on le dévide pour faire
paſſer le tabac au rolleur, qui eſt celui qui forme
les rolles : les rolles ſont, comme tout le monde
le ſait, des pelotes où le boudin eſt roulé pluſieurs fois ſur lui-même : voici la manière dont
on les forme.

Le rolleur a devant lui, ſur une table, un
inſtrument qu'on nomme *matrice*, garni de deux
chevilles de bois, & ayant ſaiſi un bout de bou-

din, il l'applique à côté d'une des chevilles, &
forme un écheveau compofé de trois tours ; il
lie en trois endroits cet écheveau avec de la
ficelle, & le retire enfuite de deffus la matrice ;
c'eft cet écheveau qui occupe le centre du rolle,
& en forme le noyau. Pour achever de le former, le rolleur attache le bout du boudin à
une des extrémités, avec une petite cheville de
bois, & continue de tourner le boudin autour
du noyau, jufqu'à ce qu'il foit tout couvert : on
forme ainfi trois, quatre ou cinq couches les
unes fur les autres, dont on obferve de bien
ferrer & cheviller les différens tours ; on met
enfuite ces rolles fous la preffe pour les com-
primer & les égaler : cette preffe eft compofée
de deux fortes tables de bois d'orme, qu'on
approche l'une de l'autre, par le moyen de
deux vis. Le tabac ainfi préparé, eft celui dont
on fait ufage pour fumer.

Pour ce qui eft du tabac que l'on veut mettre en poudre, on commence par en former des
carottes, ce qui demande un autre travail ; il
faut d'abord couper le rolle en plufieurs longueurs égales ; l'ouvrier qui eft chargé de ce travail fe nomme *coupeur* : il eft debout devant une table folide, recouverte d'une planche
fur laquelle il tire à lui le bout du boudin d'un
rolle, qu'il a forcé auparavant de monter fur
une machine à pivot, & l'ayant étendu, il
applique deffus une mefure pour le couper, &
en former des longueurs égales ; ce qu'il continue jufqu'à ce que le rolle foit entièrement
coupé, & il met fes longueurs dans des taffes à
ce deftinées.

Dans la manufacture de tabac établie en
Lorraine, on a la méthode de faire détordre

les longueurs aussi-tôt qu'elles sont coupées, ce qui fait que les carottes qui en sont composées, ne paroissent être formées que d'une seule. Nous ne pouvons nous empêcher d'approuver cette manœuvre, qui se pratique rarement dans les autres manufactures. Tous les jours on fabrique dans cette manufacture, près de quinze cens livres de tabac, uniquement pour la consommation de la province. Tout ce que nous avons rapporté ici sur le travail du tabac, a été observé par nous-mêmes, pour pouvoir en rendre un compte plus exact au public.

Les longueurs, ou bouts de tabac, étant donc détorts, on les met dans des moules composés de deux pièces de bois creusées en gouttières demi - cylindriques ; on en joint ordinairement huit longueurs en chaque moule, qu'on a soin de graisser auparavant avec de l'huile d'olive : on pose ces moules sur une table au nombre de douze, & on range cinq tables l'une dessus l'autre ; on met ensuite ces tables sous une presse, qu'on serre par le moyen d'un levier de fer, à l'extrémité duquel est une grosse corde qui se roule autour d'une vis, à laquelle est appliquée la puissance motrice ; on laisse ainsi les moules, pendant vingt-quatre heures, sous la presse ; il y a dans la manufacture de Nancy, deux rangs de six presses chacun. Les vingt-quatre heures passées, on retire les carottes du moule, on les enveloppe aussi - tôt d'un ruban de fil tourné en spiral ; on les envoie de-là au ficeleur, & ensuite au pareur, qui, avec un couteau, coupe & ébarbe les extrémités des carottes. On fait usage de cette espèce de tabac, ainsi préparé, pour pulvériser : c'est ici le lieu de parler des différens tabacs d'odeur, & de la façon de les purger; car tout le monde sait la méthode de les réduire en poudre : ainsi nous la passerons sous silence.

Pour purger le tabac il faut commencer par ajuster une toile forte & bien serrée dans une cuvette qui ait un trou au-dessous, que vous pouvez déboucher à volonté, pour en faire couler l'eau ; cette toile sera rangée de façon qu'elle couvre tout le dedans de la cuvette, & qu'elle soit arrêtée en-dehors autour de barils. Vous mettez pour lors dedans votre tabac pulvérisé & de l'eau par dessus; quand il aura trempé vingt-quatre heures, vous égouttez l'eau, vous en remettez ensuite de l'autre jusqu'à trois fois, après quoi vous passez le tabac dans votre toile, pour en exprimer l'eau le plus que vous pouvez ; le tabac ainsi préparé, faites-le sécher au soleil, sur des claies d'osier, couvertes de toile très-serrée; vous le mettez de nouveau dans la cuvette, avec suffisante quantité d'eau de senteur, telle que celle de fleurs d'orange , ou d'eau d'orange, vous laissez ainsi, pendant l'espace de vingt-quatre heures, au bout duquel tems vous en exprimez l'eau, & vous le faites sécher au soleil ; vous le remuez pour lors de tems en tems, & l'arrosez encore d'eau de senteur : par toutes ces précautions vous disposez le tabac à recevoir l'odeur des fleurs. Si vous le voulez moins parfait, ou perdre moins de tabac, vous pouvez ne le passer qu'une fois à l'eau, pourvu qu'au moment que vous le faites sécher au soleil, vous le remettiez plusieurs fois en pâte, en l'arrosant deux ou trois fois d'eau de senteur.

Après avoir ainsi purgé votre tabac, vous avez une caisse garnie de papier sec, au fond

de laquelle vous faites un lit de tabac de l'épaiffeur d'un pouce, enfuite un lit de fleurs, foit
de tubéreufe, foit de jafmin, foit d'orange,
qui font celles qui communiquent plus aifément
leur odeur; vous continuerez ainfi les lits,
tant & fi long-tems que vous aurez de tabac.
Après avoir laiffé les fleurs ainfi rangées, pendant
vingt-quatre heures, vous les féparez, en tami-
fant le tabac, & vous en remettez d'autres; ce
que vous continuerez plufieurs fois, jufqu'à ce
que votre tabac ait affez d'odeur; vous le
mettez pour lors dans des boîtes afin de le
conferver.

Quand on veut donner au tabac l'odeur de
rofe & de girofle, on ôte artiftement le calice &
le piftil de la rofe, on y fubftitue un clou de
girofle, fans écarter les feuilles qui font entaffées & preffées; on met les boutons, ainfi pré-
parés, dans un vaiffeau de verre, que l'on
bouche hermétiquement; on l'expofe un mois
ou environ au foleil, & on fe fert de ces boutons au lieu d'autres fleurs, pour ranger fur
les lits de tabac. Si vous voulez avoir du tabac
de mille-fleurs, mêlez enfemble une quantité de
fleurs de différentes odeurs, de façon qu'elles
foient fi bien ménagées les unes avec les autres,
qu'il n'y en ait aucune dont l'odeur prédomine.

On prépare auffi du tabac à odeur de civette.
Prenez, pour le faire, un peu de civette dans la
main, avec un peu de tabac; étendez de plus
en plus cette civette, en la brifant dans la main
avec du nouveau tabac, &, l'ayant ainfi mêlé
& remêlé, en le remaniant, mettez le tout dans
fa boîte; vous en agirez de même pour les autres
odeurs. Pour ce qui eft du tabac ambré, il faut
faire chauffer le cul d'un mortier, & y broyer

vingt grains d'ambre , en y ajoutant peu à peu une livre de tabac , que l'on manie enfuite entre les mains , pour bien mêler l'odeur. On fait différemment le tabac d'odeur à Rome, à Malte & en Efpagne. A Rome , on prend du tabac parfumé aux fleurs, on le met dans un mortier, on verfe deffus du vin blanc , on y ajoute enfuite des effences d'ambre & de mufc , ou telles autres qu'il plaira : on remue le tabac , & on le frotte entre les mains.

A Malte, on ne prend que du tabac parfumé à fleurs d'orange ; on le parfume à l'ambre , ainfi qu'il a été dit en parlant du tabac ambré , on y ajoute enfuite quelques grains de civette , que l'on broie avec un peu de fucre dans un mortier , & que l'on mêle avec le tabac : ordinairement on met dix grains de civette pour une livre de tabac. Il y a encore à Malte une autre façon de faire le tabac à odeur : on prend des racines de rofier & de régliffe , on ôte la première peau de chacun à difcrétion , on met les deux racines en poudre , & on les paffe par un tamis, enfuite on lui donne l'odeur qu'on fouhaite ; ou bien on le manie , foit avec un peu de vin blanc , foit avec de l'eau-de-vie , ou tant foit peu d'efprit-de-vin.

Pour faire le tabac parfumé à la façon d'Efpagne , broyez dans un petit mortier environ vingt grains de mufc , avec un peu de fucre ; ajoutez-y peu à peu du tabac au poids d'une livre ; broyez dix grains de civette ; remêlez , enfuite le tabac pour le charger de cette odeur ; maniez enfin le tout enfemble ; vous pouvez encore y ajouter vingt grains de vanille : ceux qui aiment l'odeur plus douce dans le tabac , peuvent mettre plus de tabac & moins de parfum.

Il faut tenir bien enfermés les tabacs d'odeur, de peur qu'ils ne s'éventent ; la plupart de ces tabacs sont fort nuisibles ; nous n'en conseillons pas l'usage.

Le tabac en poudre est à présent fort à la mode ; on s'en sert presque par-tout ; mais nous voyons que ceux qui en prennent avec excès, deviennent stupides & hébétés. Ceux au contraire qui en discontinuent l'usage, après s'en être long-tems servi, tombent dans des langueurs & des chagrins mortels : il est par conséquent important d'éviter de nous rendre esclaves de certaines habitudes, qui ne manquent pas souvent de devenir pernicieuses ; c'est pourquoi, dès qu'on s'est habitué à l'usage du tabac en poudre, il n'est guère possible de se l'interdire, &, quoique souvent il soit nuisible à notre constitution, & très-rarement utile, néanmoins il nous devient indispensablement nécessaire par l'habitude que nous en avons contractée. Cependant on peut dire, & avec raison, que le tabac, pris par le nez, est un très-bon sternutatoire, pourvu qu'on en prenne modérément ; il excite l'éternuement, & procure une abondante évacuation de sérosités, sur-tout aux personnes qui n'y sont pas habituées : il est par conséquent très-bien indiqué dans l'apoplexie, la paralysie, les catharres, les fluxions & la migraine.

On prétend que le tabac nous fait supporter plus facilement la faim : si le fait est vrai, cela ne peut provenir que de l'irritabilité qu'il occasionne aux fibres nerveuses, dont le mouvement ne contribue pas peu à la digestion. Oleus Borrochius rapporte, dans une lettre écrite à Bartholin, qu'une personne s'étoit tellement desséché le cerveau à force de tabac, qu'après sa

mort,

mort, on ne trouva, dans sa tête, qu'un petit grumeau noir, composé de plusieurs membranes. Le Docteur Joseph Lanzoni dit avoir connu un soldat, qui usoit par jour trois onces de tabac en poudre, ce qui lui fut si pernicieux, qu'à l'âge de trente-deux ans, il commença à être attaqué de vertiges, qui furent bientôt suivis d'une apoplexie violente & mortelle. Le même auteur fait aussi mention d'une personne, que l'usage immodéré du tabac d'Espagne rendit aveugle, & ensuite paralytique. Mr. Chomel, dans son histoire des plantes, nous assure qu'un de ses amis ayant considérablement pris du tabac par le nez, à trop forte dose, tomba dans le moment en défaillance, avec une sueur froide, & des accidens qui firent craindre pour sa vie.

Le Docteur Hill, qui s'est déclaré un des plus forts antagonistes du tabac, appuie son sentiment sur l'exemple d'une dame, à qui l'usage immodéré du tabac causa la mort : cette dame, dit-il, après avoir pris la valeur d'un quarteron de tabac, d'une espèce plus âcre qu'à l'ordinaire, sentit une étrange douleur le long du cartilage de la narine gauche ; elle quitta cette espèce de tabac, & continua d'en prendre de l'autre en même quantité qu'auparavant : au bout de quelque tems, sans qu'elle se fût aperçue d'aucune tumeur, il s'écoula de sa narine une matière d'une odeur insupportable ; elle abandonna le tabac, l'écoulement ne cessa point, elle appella vainement le chirurgien à son secours, le mal s'accrut ; il se détacha même de tems en tems quelques particules du cartilage : la mort enfin termina toutes ses douleurs, que tout l'art des Médecins & des Chirurgiens n'avoit pu soulager. Tous ces exemples prouvent les

B

effets funestes du tabac, lorsqu'on en fait excès ;
il en est de même des meilleures choses, l'excès
en est toujours nuisible ; nous ne devons pas
pour cela rejeter totalement le tabac; il est un
très-bon céphalique , qui réveille l'imagination ,
& réjouit le cœur.

Depuis peu , on a la méthode de faire usage
de petites boulettes de tabac, qu'on insère dans
les narines, & qui produisent, à ce qu'on prétend, des effets merveilleux ; on se sert pour cet
usage du tabac du Brésil , préférablement à tout
autre ; les feuilles de ce tabac sont pour l'ordinaire renfermées dans des boîtes de plomb, pour
conserver leur fraîcheur ; on les déplie , on les
étend , & on en fait de petites boulettes longues,
qu'on introduit pendant quelque tems dans la
narine ; elles attirent beaucoup d'eau & de pituite , déchargent la tête , préviennent les catharres & rendent la respiration plus libre & moins
gênée. Plusieurs laissent les boulettes dans le nez
pendant la nuit , mais l'on a observé qu'elles
occasionnoient des vomissemens le lendemain
matin.

Outre l'usage journalier du tabac en poudre ,
rien n'est plus commun que de le fumer ; pris de
ette façon, il est très - bon pour les pituiteux &
les mélancoliques ; il évacue doucement une
partie des sérosités superflues ; il provoque une
ample secrétion de la salive ; il adoucit le chagrin & calme les grandes agitations de l'esprit ;
c'est ce qui a donné lieu à ce fameux sonnet.

> Doux charme de ma solitude ,
> Fumante pipe, ardent fourneau,
> Qui purges d'humeurs mon cerveau ,
> Et mon esprit d'inquiétude.
>
> Tabac , dont mon ame est ravie,
> Lorsque je te vois perdre en l'air ,

Auſſi promptement qu'un élair,
Je vois l'image de ma vie.

Je remets dans mon ſouvenir
Ce qu'un jour, je dois devenir,
N'étant qu'une cendre animée.

Tout d'un coup, je m'aperçoi
Que, courant après ta fumée,
Je me perds auſſi bien que toi.

Dans les éphémérides d'Allemagne de l'année 1684, on rapporte qu'un homme fut guéri des ulcères des jambes par la fumée du tabac. Voici l'obſervation, telle que la donna le docteur Jean-Chrétien Frommanus : un fripier, dit-il, de Cobourg, homme fort & d'une taille bien proportionnée, étant allé à Schalcovie, où règnoit une fièvre maligne, fut attaqué à ſon retour de la même maladie, & m'envoya prier par ſa femme de lui indiquer quelque remède qui pût lui procurer du ſoulagement. Je demandai d'abord à cette femme, quels étoient les principaux ſymptômes qui accompagnoient la maladie de ſon mari ; elle me dit que non-ſeulement il avoit une fièvre violente, mais que tout ſon corps étoit couvert de petites veſſies. Je lui conſeillai de faire uſage des remèdes béſoardiques, qui lui procurèrent en effet une ſueur qui fit diſparoître toutes ces petites puſtules, &, l'étant allé voir quelque tems après, lui ayant fait quelques queſtions ſur ſon tempérament, ſur ſa manière de vivre, & ſur l'état où il étoit avant d'être attaqué de cette fièvre, il me fit réponſe qu'il avoit eu autrefois, pendant long-tems, des ulcères aux jambes, & que ſa femme, m'ayant déja conſulté ſur cette maladie, comme elle venoit de le faire pour la fièvre, je lui avois répondu que, comme il me paroiſſoit que ſon mari étoit d'un tempérament

phlegmatique, & qu'il n'étoit pas en état de faire
de la dépenfe, je lui confeillois feulement de
s'accoutumer à fumer du tabac; je fuivis votre
confeil, me dit-il, je fumai tous les jours, ce
que je n'avois jamais fait jufqu'alors; dans
l'efpace d'un mois, ces ulcères fe defféchèrent
infenfiblement, & je me trouvai parfaitement
guéri.

Un homme de grande confidération, dit l'auteur de la Collection académique de Dijon,
m'a raconté que, dans fa jeuneffe, faifant pour
lors fes études à Ratisbonne (*je ne rapporte ce
fait que pour confirmer l'obfervation précédente*),
dont le collège étoit fort éloigné de la maifon
où il demeuroit, &, ne s'étant pas affez précau-
tionné contre la rigueur du froid, fes jambes
s'étoient ulcérées en différens endroits, & que
ces ulcères fe fermoient & fe rouvroient infenfiblement, mais qu'étant entré enfuite à l'A-
cadémie, & ayant contracté l'habitude de fumer,
ces ulcères s'étoient peu à peu guéris, & ne
s'étoient plus rouverts depuis; & en effet le
tabac eft regardé comme un bon phlegmagogue,
qui procure l'évacuation de la pituite par le nez,
les crachats, le vomiffement & les felles; fi elle
eft trop épaiffe, il la diffout & l'atténue par
le fel âcre qu'il contient, & la difpofe ainfi
à être plus facilement évacuée.

Cependant, malgré les bons effets que peut
procurer la fumée du tabac, fon ufage immodéré
peut caufer mille maux, & même la mort; nous
ne rapporterons ici qu'un exemple funefte de
l'excès de la fumée du tabac, pour être plus
courts. Deux jeunes Hollandois difputoient, entr'eux à qui fumeroit le plus grand nombre de
pipes; mais l'un en ayant fumé dix-fept, &

l'autre dix - huit , ils tombèrent tous les deux par terre , comme s'ils euffent été frappés d'apoplexie : l'un mourut fur le champ & l'autre deux ou trois heures après.

En France, les perfonnes du fexe fument rarement ; il n'eft pas même décent de le faire en compagnie , par rapport aux odeurs défagréables que répand le tabac , & qui peuvent devenir nuifibles à bien des perfonnes ; c'eft la raifon pour laquelle plufieurs ont la coutume de le mâcher par préférence. Une longue expérience démontre que le tabac mâché eft un cordial très-falutaire ; il ranime les vieillards & produit fouvent de bons effets dans les obftruétions méfentériques; il ne donne d'ailleurs aucun mauvais goût à la bouche , ne gâte pas les dents & réveille l'appétit, ce qu'on ne peut pas dire du tabac fumé. Un Médecin de Newcaftle a guéri fon époufe d'un afthme , en lui faifant fouvent mâcher du tabac.

Il eft à obferver que rien n'eft plus propre à nous faire maigrir, que de demeurer habituellement dans un lieu rempli de tabac. Mr. Chomel dit avoir connu une perfonne qui a été obligée de quitter pour cette raifon fon domicile. On a publié en 1762 , dans la trente-deuxième feuille de la Gazette falutaire , trois obfervations qui confirment cette affertion.

Un débitant de tabac, lit - on dans cette Gazette, eut l'imprudence de mettre une petite fille de quatre ou cinq ans , coucher dans une chambre où étoit fon tabac en corde & en poudre : l'enfant commença à vomir au bout de quelques heures ; ce fut un motif à ces bonnes gens pour faire refter l'enfant au lit ; quelques heures après , cette petite viétime de la bonté paternelle tomba dans l'affoupiffement , & il lui furvint enfuite de légères convulfions , qui commencèrent à inquiéter fes père & mère ; les convulfions étant devenues plus confidérables , ils m'envoyèrent prier , dit l'obfervateur , de la fecourir : en arrivant dans la chambre où étoit cette petite malade , je fus frappé de la violence de fes convulfions ; je m'aperçus à l'inftant de la caufe de ces funeftes effets , par l'odeur vive & frappante du tabac : je déclarai que la perte de cet enfant étoit certaine & prochaine , & qu'elle n'é-toit réduite à ce dangereux état , que pour avoir couché dans cette place , infectée par la forte odeur du tabac : je fis enlever la malade de la chambre , je lui frottai le vifage , les lèvres & les narines avec du vinaigre , & lui en fis avaler un peu, ce qui lui rappela la connoiffance pour un inftant , mais l'enfant mourut peu de tems après.

Un Monfieur de mes amis , continue l'obfer-vateur, m'a affuré n'avoir jamais oublié qu'ayant la petite - vérole dans fa jeuneffe , fa garde avoit rapé du tabac auprès de lui , qu'il avoit été frappé fi vivement de cette odeur , que les puftules de la petite - vérole étoient prefque ren-trées fur le champ , & que cette répercuffion l'avoit mis dans un grand danger , dont il ne s'en retira que par une nouvelle éruption de virus variolique.

Une perfonne amufoit avec fa tabatière un en-fant de qualité de quatre ou cinq ans, qui étoit encore au lit; elle lui donna trop complaifam-ment cette boîte ; l'enfant ne tarda pas à l'ou-vrir , & le tabac fut repandu en grande partie, fur fon vifage ; la douleur des yeux, qui en étoient couverts , fit jeter de grands cris à l'enfant,

& il avala une partie du tabac qui étoit tombé fur fa bouche ; peu de tems après il eut des convulfions, qui durèrent fort long-tems ; les boiffons délayantes & adouciffantes, qu'on lui donna, lui fauvèrent la vie pour un moment, mais il a été fujet, depuis cet accident, à avoir de fréquentes convulfions & des battemens de cœur terribles. A l'ouverture du corps, il s'y eft trouvé des polypes très-durs dans les finus & les ventricules du cœur.

Les feuilles de tabac font émétiques & purgent violemment ; on l'emploie rarement à l'intérieur : les effais qu'on en a voulu faire ont été fuivis d'accidens. Cependant on en prépare un firop, dont on fait ufage dans l'épilepfie & dans les maladies du même genre ; Rivière en a vu de bons effets. Ce firop, qu'on nomme de *Quercetan*, eft auffi très-bon dans l'afthme & la toux opiniâtre : il procure une expectoration facile & abondante, fans faire vomir. Le tabac perd fa force émétique par la digeftion qu'on fait du fuc de fes feuilles dans l'hydromel & l'oxymel, pendant deux ou trois jours.

Il y a deux fortes de firops de tabac : le fimple, dont la dofe eft depuis une demi-cuillerée jufqu'à une cuillerée pendant quelques jours, & le compofé, qui fe prefcrit, depuis une once jufqu'à deux, & dans lequel entrent des plantes béchiques, telles que le capillaire, le tuffilage &, quelquefois même, le féné & l'agaric. Melchior Forcht, Médecin allemand, vante beaucoup, dans le vomique du poumon & l'ampyrème, la décoction du tabac mêlé avec le fucre.

On fait plus fouvent ufage du tabac en lavement, dans les maladies foporeufes, lorfqu'il s'agit d'exciter fortement l'action des fibres :

la dofe, pour l'homme, eft depuis deux gros
jufqu'à une demi-once. Mr. Chomel obferve que
ces lavemens produifent quelquefois des effets
auffi fâcheux que les purgatifs les plus violens ;
il dit même avoir vu des malades qui, ayant
pris de ces lavemens dans les affoupiffemens léthargiques, avoient enfin recouvré le fentiment & la connoiffance, mais étoient tombés
enfuite dans des convulfions accompagnées de
vomiffemens, de fueurs froides, d'un pouls foible & frémiffant, & d'autres accidens funeftes,
quoiqu'ils euffent rendu le remède auffi-tôt après
qu'ils l'avoient reçu, &, fi on n'y avoit porté
fecours, ils auroient péri infailliblement ; l'eau
tiède, le lait & l'huile d'amandes douces, ont
fait pour lors des merveilles : il ne faut donc
preferire ces lavemens, qu'avec beaucoup de
circonfpection.

On fe fert du tabac en fumigation ; les perfonnes
fujettes aux vapeurs, en font promptement foula-
gées, en refpirant la fumée. Les Indiens en font
fouvent ufage ; ils ont même des efpèces de
cornets faits de joncs ou de cannes, au moyen defquels ils reçoivent, par la bouche, la fumée du
tabac.

Un auteur digne de foi prétend que la fumée reçue dans le vagin, appaife à l'inftant les
accès de la paffion hyftérique, ce qui confirme
ce que nous venons de dire précédemment ; on
introduit auffi la fumée du tabac dans les inteftins par l'anus : ce remède eft très-bien indiqué
dans les conftipations opiniâtres, dans la paffion
iliaque & dans les hernies. Heifter le recommande beaucoup dans ce cas, & dit en avoir vu
de bons effets. Il décrit l'inftrument deftiné à
faire cette efpèce de fumigation, & en donne la

figure. Beuchier affure que ce fecours eft très-
utile pour ranimer les noyés ; on a même rappellé
par - là à la vie des gens qu'on croyoit morts,
parce qu'ils avoient été long-tems fous l'eau. Un
Docteur anglois prétend que ceux qui habitoient,
pendant la pefte qui affligea Londres en 1665
& 1666, des maifons où il y avoit beaucoup
de tabac, en furent préfervées.

Extérieurement, les feuilles de tabac font vul-
néraires, déterfives ; elles mondifient les vieux
ulcères ; on les applique fraîches fur la plaie. Le
P. Antoine Neira, Jéfuite, affure que dans le
Bréfil, où il a paffé trente-deux ans, le remède
le plus ufité pour les bleffures eft le fuc des feuilles de tabac. Nicolas Monardot rapporte que
les Indiens guériffent les bleffures faites par les
flèches empoifonnées des Cannibales avec ce fuc,
qui non - feulement empêche l'effet du venin,
mais arrête encore l'hémorrhagie, & fait cicatri-
fer les plaies fort vîte ; on fait communément
entrer les feuilles de tabac dans les huiles, les
baumes & les onguens ; nous avons vu opérer
fous nos yeux, avec la nicotiane de la troifième
efpèce, dont nous parlerons ci - après, tant de
cures merveilleufes, que le fimple expofé fur-
pafferoit beaucoup les bornes qu'on doit fe pref-
crire dans une differtation. Mr. Buc'hoz, père,
a guéri à Marly, village à une lieue de Metz,
& dans les villages circonvoifins, avec la nicotiane, qu'il cultivoit pour lors dans fon jardin,
plufieurs bleffures, plaies, ulcères invétérés &
incurables, charbons, gangrènes & cancers ; tantôt
il employoit cette herbe fraîche, tantôt diftillée
& en onguens ou baumes.

L'on tire du tabac, par le moyen de la chimie, un efprit, une huile & un fel : l'efprit eft

un puissant vomitif; la dose est depuis deux gros
jusqu'à quatre, dans des liqueurs appropriées; on
s'en sert extérieurement pour les dartres, la galle
& autres maladies de la peau. L'huile du tabac
est très-vénimeuse; introduite dans les plaies,
elle cause de fâcheux accidens; cependant elle est
très-bonne contre la gratelle & les dartres. On
en incorpore un gros avec deux onces d'axonge,
& on s'en sert en liniment. Son sel se preserit depuis quatre grains jusqu'à douze, dans des liqueurs convenables; il est sudorifique, & quelquefois même diurétique : on prétend qu'il est
alkalin. Quelques chimistes allemands appuient
ce sentiment sur plusieurs observations & procédés.

Willis recommande l'usage du tabac dans les
camps & armées, tant pour suppléer aux vivres,
que pour préserver & guérir les soldats de plusieurs maladies, tant internes qu'externes. En
Italie, on ordonne la semence du tabac pour ap-
paiser le priapisme; on prétend que cette plante
a une vertu narcotique, ce qui n'est pas encore
suffisamment constaté.

Quand on donne le tabac en semence aux che-
vaux, c'est depuis une once jusqu'à deux.

1°. Prenez de la racine de valériane & des feuilles de tabac, de chacune deux gros; réduisez
le tout en poudre subtile, & ajoutez-y des huiles
distillées de lavande & de marjolaine, de chacune
trois gouttes; faites usage de cette poudre en
guise de tabac seul contre la foiblesse de la vue.

2°. Prenez des feuilles fraîches de tabac, une
once; faites-les bouillir dans trois pintes d'eau,
à la consomption d'un tiers; mettez-y sur la
fin des feuilles de mauve, de branche-ursine &
de violettes, de chacune une poignée; coulez le

tout, & ajoutez-y trois onces de sucre blanc; faites une tisane anti - asthmatique, dont il faut prendre trois verres par jour.

3°. Prenez des feuilles de mercuriale, de mauve & de pariétaire, de chacune une poignée, du séné & de la pulpe de coloquinte, de chacun deux gros ; des feuilles de tabac un demi - gros, faites bouillir le tout dans une suffisante quantité d'eau commune, & ajoutez, dans une livre de la colature, du vin émétique trouble & du miel mercuriel, de chacun trois onces, le tout pour un lavement antinarcotique, ou contre les affections soporeuses.

4°. Prenez des racines d'iris de Florence, trois gros ; des feuilles sèches de bétoine & de muguet, de chacune un gros ; du tabac, deux gros : pulvérisez le tout exactement, & le mêlez pour un sternutatoire.

La nicotiane est ennemie des poux & des puces, suivant J. Bauhin : on prétend que sa fumée éloigne toute sorte d'insectes, même les punaises. On a observé que sa poudre est mortelle aux lésards, sang-sues & limaçons.

La seconde espèce, est la nicotiane en arbrisseau : *Nicotiana fructicosa. Nicotiana foliis lanceolatis subpetiolatis amplexicaulibus, floribus acutis, caule frutescente. Linn. syst. plant. edit. Reich. t. 1, p. 502. Nicotiana foliis lineari-lanceolatis-acuminatis semi-amplexicaulibus, caule fructicoso. Mill. dict.* Cette espèce est très-semblable à la précédente ; on la prendroit même pour une variété, excepté seulement que sa base persiste. Sa tige est par conséquent ligneuse, ses feuilles sont lancéolées, pétiolées, amplexicaules, ses fleurs sont aiguës. Elle croît au Cap de Bonne-Espérance, dans la Chine ; sa culture est la

même que celle de la précédente ; il faut feulement la mettre, pendant l'hiver, dans la ferre ;
fes propriétés font pareillement les mêmes.

La troifième efpèce eft la vraie nicotiane,
l'Herbe à la Reine : *Nicotiana ruftica. Nicotiana
foliis petiolatis ovatis integerrimis floribus obtufis.
Linn. fyft. plant. edit. Reich. t. 1, p. 523. Mill.
Dict. n°. 6. Blackw., t. 437. Kinph. Cent. 3,
n°. 95. Sabb. Hort. 1, t. 90. Nicotiana foliis
ovatis. Hort. Cliff. 56. Hort Upf. 45 Roy. Lugdb.
423. Sp. plant. 1, p. 180. Nicotiana minor. Bauh.
pin. 170. Pachyphylla. Renealm. Specim. 40.* La
racine de cette efpèce eft quelquefois fimple &
groffe comme le doigt, quelquefois fibreufe,
toujours blanche ; fa tige s'élève à la hauteur de
deux pieds ; elle eft ronde, velue, folide, glutineufe ; fes feuilles font moins grandes & plus
épaiffes que celles de la première efpèce, obtufes par le bout, avec de courts pétioles, plus
glutineufes, couvertes d'un duvet très-fin ; les
fleurs naiffent au fommet, difpofées en manière
de tête, d'une couleur jaune & pâle ; fon fruit
eft arrondi ; fes femences font menues & rondes.
Cette plante eft repréfentée, dans la nouvelle
édition de Blackwel, pl. 437 ; dans la troifième
centurie de Kniphoff, n°. 65 ; dans l'*Hortus romanus*, t. 1, pl. 90, & dans notre *grand Jardin
de l'Univers*, pl. 23, d'où nous avons tiré la
figure pour la repréfenter dans cette differtation.
Elle eft annuelle, & croît naturellement dans
l'Amérique : on la cultive à préfent dans les jardins de l'Europe ; c'eft l'efpèce la plus ufitée
dans la médecine chirurgicale, & celle dont mon
père fe fervoit pour guérir les bleffures, plaies
& ulcères & pour diftiller.

1°. *Eau de Bac'hoz.* On prend des feuilles de

nicotiane, d'ariftoloche, d'illecebra & de mo-
relle, de chacune parties égales, on mêle & on
hache le tout enfemble ; enfuite on le met dans
un vafe bien bouché & on l'imbibe de vin blanc,
en forte que le vin furnage d'un bon pouce ; on
laiffe le mélange en digeftion pendant quinze
jours, & on le diftille fuivant l'art.

La première eau qui en provient eft très-fpiri-
tueufe, vulnéraire, anti-feptique, & très-propre
à être employée contre toute forte de plaies, de
bleffures, de contufions ; contre les ulcères, tant
invétérés que nouveau, & même contre la gan-
grène : elle feroit par conféquent d'une grande
utilité dans les armées & dans les hôpitaux mili-
laires.

2°. Prenez feuilles de bétoine, de marjolaine
& de nicotiane, de chacune deux gros ; mettez-
les en poudre & les paffez, pour un errhin, à
prendre dans le catharre & l'apoplexie.

3°. Prenez racines d'iris commun un gros,
feuilles de bétoine, d'hyffope, de nicotiane, de
chacune une demi-poignée ; fleurs de muguet
une pincée ; mettez le tout en poudre, pour un
errhin, à prendre de tems en tems en guife de
de tabac.

4°. Prenez du fuc de nicotiane, trois onces ;
de la cire jaune, pareille quantité ; de la réfine
de pin, une once & demie ; de la térébenthine,
une once ; de l'huile d'olive, une quantité fuffi-
fante pour former un cérat, auquel on ajoutera
du mercure précipité blanc : ce cérat convient
dans les ulcères anciens, malins & calleux : il les
mondifie & les cicatrife.

La quatrième efpèce eft la nicotiane paniculée :
*Nicotiana paniculata. Nicotiana foliis petiolatis,
cordatis integerrimis, floribus paniculatis, obtu-*

fis, *clavatis. Linn. Syft. plant. edit. Reich.*, *p.
503. Mill. Dict. n°. 8. Kniph. Cent. 2, n°. 48.
Nicotiana foliis cordatis, floribus paniculatis,
tubis clavatis. Sp. pl. 1, p. 180. Nicotiana minor,
folio cordiformi, tubo floris prælongo. Fewill.
Peruv. 1, p. 717.* Cette efpèce diffère de la troifième par fa tige, qui eft plus tendre, plus
haute, & qui eft paniculée ; par fes corolles, qui
font plus étroites, ayant le limbe très-court &
très-obtus & le tube long, en maffue, & par fes
calices & capfules, qui font aiguës. Cette efpèce
eft repréfentée dans la feconde centurie de Kniph-
hoff, n°. 48, & dans le premier volume des
Plantes du Pérou, par Fevillée, pl. 10.

La cinquième efpèce, eft la nicotiane brû-
lante : *Nicotiana urens. Nicotiana foliis cordatis,
crenatis, racemis recurvatis, caule hifpido pruri-
ginofo. Linn. fyft. plant. edit. Reich. t. 1, p. 503.
Syft. veg. 185. Nicotiana foliis petiolatis cordatis
crenatis, racemis recurvatis, caule aculeo peri-
ginofo frutefcente : Linn Sp. plant. 2, p. 269.
Nicotiana arborefcens fpinofiffima, flore exalbido.
Plum. Spec. 3. ic. 211.* Cette efpèce eft un arbre, fa tige eft très-épineufe, fes feuilles font
petites en forme de cœur, crennelées ; les grappes font unilatérales, repliées ; les corolles font
campanullées, blanches. Cette efpèce eft repréfentée dans les plantes de P. Plumier, par Burmann, pl. 211. Elle croît naturellement dans
l'Amérique méridionale. Elle fe multiplie par
graines. Il lui faut la couche de tan & la ferre
chaude, pour réuffir dans nos climats.

La fixième efpece eft la nicotiane glutineufe :
*Nicotiana glutinofa. Nicotiana foliis petiolatis,
cordatis, integerrimis, floribus racemofis, fecun-
dis fubringentibus. Linn. fyft. plan. edit. Reich. t.*

2, *p. 503, Mill. Dict. n°. 9. Kniph. Cent. 10, n°. 65. Nicotiana foliis cordatis, corollis racemosis subringentibus, calicibus inæqualibus. Sp. plant. 2, p. 281. Nicotiana militaris. Act. Holm.* 1753, *p. 41.* Les feuilles de cette espèce sont plus en cœur, glutineuses ; les fleurs sont rangées en un petit nombre de grappes longues ; les corolles sont presque les mêmes que celles de l'espèce suivante, mais plus inégales & presque masquées ; les étamines sont réfléchies vers le côté supérieur ; un des lobes du calice est deux fois plus grand que les autres. Cette espèce est représentée dans la dixième centurie de Kniphoff, n°. 65, & dans les Mémoires de l'Académie de Stockholm, année 1751, pl. 2. Elle est annuelle, & habite le Pérou, suivant Mr. Bernard de Jussieu.

La septième espèce, est la nicotiane naine : *Nicotiana pusilla. Nicotiana foliis oblongo ovalibus radicalibus, floribus racemosis acutis. Linn. syst. plant. edit. Reich., tom. 1, p. 504. Nicotiana foliis ovato - lanceolatis, obtusis., rugosis, calicibus brevissimis. Mill. icon. 193, fig. 2.* Les feuilles de cette espèce sont oblongues, ovales, radicales ; les fleurs sont en grappes, aiguës, leurs calices sont très-courts. Elle est représentée dans le Dictionnaire de Miller, pl. 193, fig. 2. Elle croît naturellement à la *Vera - Crux.*

DISSERTATION
SUR LE CAFÉ,

Sa culture, ſes différentes préparations & ſes propriétés, tant alimentaires, que médicinales.

LE Café eſt connu, en botanique, ſous les noms de *Kave. Celſ. Bon. Proſp. Alp. Carinta. Hort. Malab. 10 jaſmineum Coffa. juſſ. Cofæa. Linn.* Son caractère eſt d'avoir le périanthe du calice à quatre dents très-petit, ſupérieur ; la corolle eſt monopétale, en forme d'entonnoir. Le tube eſt cylindrique, menu, pluſieurs fois plus long que le calice ; le limbe eſt plane, partagé en cinq, plus long que le tube, ayant les découpures lancéolées & les côtés repliés ; les filamens des étamines ſont au nombre de cinq, en forme d'alènes, poſés ſur le tube de la corolle ; les anthères ſont linéaires, couchées de la longueur des filamens ; le germe du pyſtil eſt un peu rond, inférieur ; le ſtil eſt ſimple, de la longueur de la corolle ; les ſtigmates ſont au nombre de deux, réfléchis, en forme d'alènes, un peu gros ; le péricarpe eſt une baye un peu ronde, ombiliquée par un point ; les ſemences ſont au nombre de deux, ellyptiques, hémiſphériques, boſſues d'un côté, planes de l'autre, enveloppées par un épiderme.

Murray

Murrày, dans ſa quatrième édition du *Syſ-*
tema Vegetabilium de Linné, n'en rapporte que
deux eſpèces; mais Mr. Aublet en indique deux
nouvelles dans ſon hiſtoire des plantes de la
Guyane Françoiſe; c'eſt pourquoi nous en rapporterons ici quatre eſpèces; le Café fait partie
de la cinquième claſſe de Linné, deſtinée aux
plantes pentendriques monogyniques.

La première eſpèce eſt le Café d'Arabie,
Coffæa Arabica, Coffæa Floribus quinque-fidis,
baccis diſpermis. Linn. ſiſt. veg. edit. Reich. t. 1,
p. 478, ameon. Aca. 6, mat. med. 62. Mill.
dict. n°. 1, ellis monograph. Lond. 1774. Blackw.
t. 337. Kniph. cent. 11, n°. 32, regn. Bot.
Coffæa hort. Cliff. 59. hort. Ups. 41. Roy. Lugdb.
239, jaſmineum Arabicum lauri folio, cujus ſe-
men apud nos Coffé dicitur. juſſ. Act. 1713,
p. 388, t. 7, jaſmineum Arabicum, caſtaneæ
folio, flore albo odoratiſſimo. Till. Pis. 87, t. 32,
Evonymo ſimilis Ægyptiaca, fructu baccis lauri
ſimili bauh. Pin. 498. Pluk. phytog. 272, fig. 1.
Bon. Alp. Ægypt. 36, t. 36, Arabſicher Coffee
Baum. Linn. phlanzenſiſt. 1, p. 267.

Dans ce Café, les feuilles ſont garnies en-deſ-
ſous d'un point ſecrétoire aux aîles des nerfs des
côtes. Mr. de Juſſieu nous a très-bien décrit cet
arbre, dans un mémoire qu'il a lu à l'Académie, en 1713. Cet arbre avoit, dans l'état où
il étoit au jardin du Roi, lors de ſa deſcrip-
tion, cinq pieds de haut & un pouce de groſſeur; il donne des branches qui ſortent d'eſpace en eſpace de toute la longueur de ſon tronc,
toujours oppoſées, deux à deux, & rangées de
manière qu'une puiſſe croiſer l'autre; elles ſont
ſouples, arrondies, noueuſes par intervalles,
couvertes, auſſi bien que le tronc, d'une écorce

blanchâtre fort fine, qui fe gerce en fe defféchant : leur bord eft un peu dur & douceâtre
au goût ; les branches inférieures font ordinairement fimples, & s'étendent plus horizontalement
que les fupérieures, qui terminent le tronc, lefquelles font divifées en d'autres plus menues,
qui partent des aiffelles des feuilles, & gardent
le même ordre que celles du tronc ; les unes &
les autres font chargées en tout tems de feuilles
entières, fans dentelure, ni crénelure dans leur
contour, aiguës par les deux bouts, oppofées
deux à deux, qui fortent des nœuds des branches,
& reffemblent aux feuilles de laurier ordinaire,
avec cette différence qu'elles font moins sèches &
moins épaiffes, ordinairement plus larges, plus
pointues par leur extrémité, qui fouvent s'incline
de côté ; qu'elles font d'un beau verd-gai & luifant
en-deffus, verd-pâle en-deffous, & d'un verd-
jaunâtre dans celles qui naiffent ; qu'elles font
ondées par les bords, ce qui vient peut-être de
la culture, & qu'enfin leur goût n'eft point aromatique, & ne tient que de l'herbe ; les plus
grandes de ces feuilles ont deux pouces environ
dans le fort de leur largeur, fur quatre à cinq
pouces de longueur, leurs queues font fort courtes. De l'aiffelle de la plupart des feuilles naiffent des fleurs jufqu'au nombre de cinq, fou-
tenues par un pédicule court ; elles font toutes
blanches, d'une feule pièce, à peu près du
volume & de la figure de celles du jafmin
d'Efpagne, excepté que le tuyau eft un peu
plus court, & que les découpures en font plus
étroites & font accompagnées de cinq étamines
blanches à fommets jaunâtres, au lieu qu'il n'y
en a que deux dans nos jafmins ; les étamines
débordent le tuyau de leurs fleurs & entourent

un ftil fourchu, qui furmonte l'embryon ou
pyftil, placé dans le fond d'un calice verd, à
quatre pointes, deux grandes & deux petites,
difpofées alternativement ; ces fleurs paffent fort
vîte, & ont une odeur douce & agréable ; l'embryon, ou jeune fruit, qui devient à peu près
de la groffeur & de la figure d'un bigarreau, fe
termine en ombilic, & eft verd-clair d'abord,
puis rougeâtre, enfuite d'un beau rouge, & enfuite rouge-obfcur dans fa parfaite maturité : fa
chair eft glaireufe, d'un goût défagréable, qui
fe change en celui de nos pruneaux noirs &
fecs, lorfqu'elle eft féchée ; & la groffeur de ce
fruit fe réduit pour lors en celle d'une baye de
laurier. Cette chair fert d'enveloppe à deux coques minces, ovales, étroitement unies, arrondies fur leur dos, applanies par l'endroit où
elles fe joignent, de couleur d'un blanc jaunâtre, qui contiennent chacune une femence cal-
leufe, pour ainfi dire ovale, voûtée fur fon
dos & plate du côté oppofé, creufée dans le
milieu & dans toute la longueur de ce même
côté, d'un fillon affez profond ; fon goût eft
tout à fait pareil à celui du Café qu'on nous
apporte d'Arabie ; une de fes deux femences
venant à avorter, celle qui refte acquiert ordinairement plus de volume, a fes côtés plus
convexes, & occupe feule le milieu du fruit.

Mr. le Chevalier de Linné, qui a fait un
genre de cette plante, prétend qu'on ne peut
la rapporter au genre du jafmin, fi on examine
fa corolle, le nombre & la fituation de fes étamines, l'emplacement de fon germe & les propriétés de fon fruit ; il ajoute que le Café n'a pas
plus de rapport au jafmin que le lierre ou le
chêne : voyez la defcription générique que nous

avons donnée de ce genre, d'après Mr. le Chevalier de Linné.

Le Café d'Arabie est repréfenté dans la nouvelle édition de Blankwel, pl. 337 ; dans l'onzième centurie de Kniphoff, n°. 32 ; dans les mémoires de l'Académie royale des Sciences de Paris, année 1713, pl. 7 ; dans la *Phytographie* de Plukenet, pl. 272, fig. 1 ; dans l'*Hortus pifanus* de Tilli, pl. 32 ; dans l'hiftoire d'Egypte, par Alpin, pl. 36, & dans nos *Dons merveilleux* & diverfement coloriés dans le règne végétal, pl. 132 & 164.

Le Café qui vient actuellement dans l'Arabie heureufe & l'Ethiopie, croît dans fon pays natal, & même à Batavia, jufqu'à la hauteur de quarante pieds ; mais le diamètre de fon tronc n'excède pas quatre à cinq pouces ; on en recueille à la main, deux ou trois fois l'année, des fruits mûrs, que l'on fait fécher pour en avoir la graine & que l'on retire de la coque, en la battant avec un pilon de bois, dans un mortier fait en entonnoir ; on fépare la coque & la pouffière de la graine par le moyen d'un van ; on vöit fur les arbres, en toutes les faifons, des fruits, & prefque toujours des fleurs ; les vieux pieds donnent moins de fruits que les jeunes, qui en donnent dès la troifième ou la quatrième année de fon accroiffement.

Mr. Benjamin Mefeley, Docteur en Médecine, a publié en 1785, en anglois, à Londres, des obfervations fur les propriétés & les effets du Café ; cet auteur, fondé fur l'autorité d'un manufcrit arabe, confervé dans la bibliothèque publique du Roi à Paris, obferve que le Café, quoiqu'originaire de l'Arabie heureufe, étoit en ufage en Afrique & dans la Perfe long-tems avant

que les Arabes en fiffent une boiffon ; mais enfin
fon ufage fe répandit d'Eden dans toute l'Arabie, & les autres parties de l'empire ottoman,
jufqu'à ce que, fous le règne de Soliman le grand
(en 1554), il fut introduit à Conftantinople,
& environ un fiècle après, à Londres & à Paris, ainfi que nous l'obferverons ci-après. Le Café,
ainfi que tous les autres fujets de fantaifie & d'en-
thoufiafme, a effuyé des révolutions. Le Grand-
Mufti de Conftantinople, irrité de ce que les
Mofquées fuffent abandonnées pour les Cafés,
déclara formellement que l'infufion de cette
graine étoit comprife dans la loi de Mahomet,
qui interdit l'ufage des liqueurs fortes. En Angleterre, fous le règne de Charles II, en 1675,
les Cafés furent fermés, comme des féminaires
de fédition ; cependant, on a continué à boire
de cette liqueur, & on dit qu'à Conftantinople
on en ufe annuellement pour une fomme plus
confidérable que celle qu'on dépenfe à Paris pour
le vin. Selon Boerhaave, le Gouverneur hollandois fut le premier, qui, s'étant procuré des
bayes récentes de ces arbres, en planta à Batavia, & en 1690, une plante qu'on avoit en-
voyée de-là à Amfterdam, y portoit graine ; les
femences ont enfuite fourni toutes les Indes
occidentales.

Il paroît que le premier pied du Café qui a
été cultivé au jardin du Roi à Paris, y a été
apporté par Mr. de Reffons, Officier d'artillerie ;
mais ce pied ayant péri, Mr. Bancras, Bourg-
meftre d'Amfterdam, envoya, en 1714, à
Louis XIV un pied de cafier, dont l'hiftoire
eft intéreffante, parce qu'il fut le père des premières plantations de Café dans nos îles de
l'Amérique. En 1716, des jeunes plants élevés

des graines de ce pied, furent confiés à Mr.
d'Hemberg, Médecin, pour les tranfporter dans
nos colonies des Antilles; mais ce Médecin étant
mort peu de tems après fon arrivée, cette ten-
tative n'eut pas le fuccès qu'on en attendoit;
c'eft à Mr. de Clieux que les îles ont l'obliga-
tion d'avoir formé de nouveau, en 1720, le
projet d'enrichir la Martinique de cette culture,
& on doit à fes foins la réuffite de ce fecond
effai. Ce bon citoyen, pour lors Capitaine d'in-
fanterie & Enfeigne de vaiffeau, s'étoit procuré, par le crédit de Mr. Clieux, premier Médecin, un jeune pied de Café, élevé de la graine
de cafier, confervé au jardin du Roi, s'embar-
qua pour la Martinique; mais je crois devoir
laiffer Mr. de Clieux rendre compte du fuccès
de fon entreprife, dans l'extrait d'une lettre qu'il
a écrite à Mr. Aublet, Botanifte du Roi, le 22
Février 1774.

   » Dépofitaire de cette plante, fi précieufe pour
moi, je m'embarquai avec la plus grande fatis-
faction; le vaiffeau qui me porta étoit un vaiffeau marchand, dont le nom, ainfi que celui du
Capitaine qui le commandoit, fe font échappés
de ma mémoire par le laps de tems; ce dont
je me fouviens parfaitement, c'eft que la traverfée fut longue, & que l'eau nous manqua
tellement que, pendant plus d'un mois, je fus
obligé de partager la foible portion qui m'étoit
délivrée, avec le pied du Café fur lequel je
fondois les plus heureufes efpérances, & qui faifoit mes délices. Il avoit d'autant plus befoin de
fecours, qu'il étoit extrêmement foible, n'étant
pas plus gros qu'une marcote d'œillet. Arrivé
chez moi, mon premier foin fut de le planter
avec attention dans le lieu de mon jardin le plus

favorable à son accroissement ; quoique je le gardasse à vue, il pensa m'être enlevé plusieurs fois, de manière que je fus obligé de le faire entourer de piquans, & d'y établir une garde jusqu'à sa parfaite maturité ; le succès combla mes espérances; je recueillis environ deux livres de graines, que je partageai entre toutes les personnes que je jugeai les plus capables de donner les soins convenables à la prospérité de cette plante. La première récolte se trouva très-abondante ; par la seconde on se trouva en état d'en étendre prodigieusement la culture ; mais ce qui favorisa singulièrement sa multiplication, c'est que, deux ans après, tous les arbres de cacao du pays furent déracinés, enlevés & radicalement détruits par la plus horrible tempête, accompagnée d'une inondation qui submergea tout le terrein où les arbres étoient plantés; terrein qui fut sur le champ employé, avec autant de vigilance que d'habileté, en plantation de casiers, qui firent merveille & mirent les cultivateurs en état de le répandre, & d'en envoyer à St. Domingue, à la Guadeloupe & aux Isles adjacentes, où depuis il a été cultivé avec le plus grand succès. »

Ce fut à-peu-près dans le même tems que le Café fut apporté à Cayenne en 1719. Un fugitif de la colonie Françoise, regrettant ce pays, qu'il avoit quitté pour se retirer dans les établissemens hollandois de la Guyane, & désirant revenir avec ses compatriotes, écrivit de Surinam, que, si l'on vouloit le recevoir & lui pardonner sa faute, il apporteroit des graines de Café en état de germer, malgré les peines rigoureuses prononcées contre ceux qui sortoient de la colonie avec pareilles graines ; sur la parole qu'on lui donna , il arriva à Cayenne , avec des graines récentes , qu'il remit à Mr. d'Albon, Commissaire ordonnateur de la marine , qui se chargea de les élever ; ses soins eurent le meilleur succès ; les fruits qu'eurent bientôt ces arbres , furent distribués aux habitans , qui en peu de tems multiplièrent les Cafiers , au point d'en faire une culture lucrative.

La compagnie des Indes à Paris envoya en 1717 , à l'Ifle de Bourbon , par Mr. Dufouger Gremer , Capitaine de navire de St. Malo, quelques plantes de Café Moka , qui furent remifes à Mr. Desforges Boucher , Lieutenant de Roi de cette île ; il paroît qu'il n'en restoit en 1720 qu'un seul pied , dont le produit fut tel cette année-là : que l'on mit en terre, pour le moins 15000 fèves de Café.

La seconde espèce est le Café occidental , le Café de St. Domingue *Cofea occidentalis ; Cofea floribus quadrifidis , baccis monofpermis. Linn. fift. plant. edit. Reich. , t. 2 , p.* 479 ; *Jacq. Americ.* 67, *t.* 47 , *edit.* 2. *pict. p.* 37 , *i.* 68 ; *pavetta foliis oblongo - ovatis oppofitis , ftipulis fetaceis; Brow. Jam.* 172, *t.* 6.*fig.* 1 , *jafminum arborefcens, laurifoliis, flore albo odoratiffimo; Plum. fpec.* 17, *jc* 156, *fig.* 2, *abendlændifcher Coffebaum. Linn. Pfl.* 2 , *p.* 273. Cet arbriffeau est droit , rameux , haut de fix pieds ; ses feuilles font lancéolées , ovales , fe terminant en pointes obtufes très-entières, luifantes , pétiolées , oppofées dans les plus petits rameaux feulement , les plus jeunes d'un quart de pouce ; les ftipules font en alènes, pointues , droites , oppofées entr'elles & alternes aux pétioles ; les grappes font en panicules , quelquefois terminales , fouvent auffi axilliaires , garnies de fleurs très - odorantes ; leur corolle est blanche comme neige & fendue en quatre, tandis que celle de la précédente efpèce eft fendue en cinq.

Cette efpèce croît dans l'Amérique feptentrionale, à St. Domingue, auprès du Cap François & dans les forêts de la Guyane; elle eft repréfentée, dans les plantes de l'Amérique, par Jacquin, pl. 47, dans fa deuxième édition coloriée, pl. 68; dans l'hiftoire de la Jamaïque, par Browne, pl. 6, fig. 1, & dans les plantes du P. Plumier, par Burmann, pl. 156 fig. 2.

En parlant de la première efpèce de Café, c'eft-à-dire de celui d'Arabie, nous avons déja rapporté quelques anecdotes fur fon hiftoire, & principalement fur la manière dont on a introduit fa culture dans nos colonies; mais nous n'avons encore fait qu'ébaucher ce qui peut concerner un arbre dont le fruit paroît actuellement fournir en Europe une boiffon, qu'on y regarde comme de première néceffité: nous nous étendrons donc ici plus au long fur l'hiftoire de cet arbre, après quoi nous rapporterons la manière dont on le cultive pour l'utilité, dans nos établiffemens américains, & pour l'agrément, en France dans nos ferres; après quoi nous en donnerons l'analyfe chimique; nous en ferons enfuite l'apologie, d'après un mémoire qu'un anonyme nous a communiqué, dans notre Journal de *la Nature confidérée*, & nous finirons par fes propriétés alimentaires & médicinales & par quelques obfervations fur ces mêmes propriétés.

Le cafier, dit Mr. l'Abbé Raynal, dans fon *Hiftoire philifophique & politique des établiffemens des Européens dans les deux Indes*, vient ordinairement de la haute Ethiopie, où il a été

connu de tems immémorial & où il est encore
cultivé avec succès. Mr. le Grené de Mezières, un des Agens les plus éclairés que la France
ait jamais employés aux Indes, a possédé de
son fruit, & en a fait souvent usage; il l'a
trouvé beaucoup plus gros, un peu plus long,
mais verd, presqu'aussi parfumé que celui qu'on
a commencé à cueillir dans l'Arabie, vers la
fin du quinzième siècle.

On croit communément qu'un Mollach,
nommé Chapely, fut le premier Arabe qui fit
usage du Café, dans la vue de se délivrer d'un
assoupissement continuel, qui ne lui permettoit
pas de vaquer convenablement à ses prières
nocturnes; les Dervis l'imitèrent; leur exemple
entraîna les gens de loi; on ne tarda pas à s'apercevoir que cette boisson purifioit le sang par
une douce agitation, dissipoit les pesanteurs de l'estomac, égayoit l'esprit, & ceux qui n'avoient
pas besoin de se tenir éveillés, l'adoptèrent. Des
bords de la mer rouge, il passa à Médine, à la
Mecque, & par les pélerins, dans tous les pays
mahométans.

Dans ces contrées, où les mœurs ne sont pas
aussi libres que parmi nous, on imagina d'établir des maisons publiques, où se distribuoit le
Café. Celles de Perse devinrent bientôt des lieux
infâmes, &, lorsque la Cour eut fait cesser ces
dissolutions révoltantes, ces maisons devinrent un
asyle honnête pour des gens oisifs, & un lieu de
délassement pour les hommes occupés; les politiques s'y entretenoient de nouvelles, les poétes
y récitoient leurs vers & les Mollachs leurs sermons; la boisson du Café éprouva long-tems des
persécutions à Constantinople, ainsi que nous
l'avons déja observé. mais depuis le seizième

fiècle , l'ufage en eſt devenu général dans tous les états du Grand-Seigneur.

Au commencement du fiècle dernier , quelques négocians d'Hollande & d'Angleterre, qui avoient pris le goût du Café au levant, le firent connoître dans leur patrie ; mais il ne le fut à Marſeille qu'en 1648. Thevenot, fameux voyageur, étant de retour de ſes courſes, en 1658, régaloit de Café ſes plus chers amis ; enfin , en 1669, Soliman-Aga , ayant été envoyé par le Grand-Seigneur en Ambaſſade à Louis XIV, diſtribua aux dames de Paris, ſuivant l'ufage de ſa patrie, la liqueur de Café ; quoique la couleur en fût noire , le goût âpre & amer , la fingularité & la nouveauté le firent réuſſir. Après le départ de Soliman-Aga , on chercha à ſe procurer du Café & à le prendre à la turcque ; quoiqu'on imitât mal la façon de faire cette liqueur, l'ufage ne laiſſa pas d'avoir lieu ; on imita les cabarets vernis ; on ſe procura des taſſes de porcelaine & des ſerviettes à frange d'or , avec leſquelles les Turcs le ſervoient ; cette mode paſſa des maiſons particulières, dans les boutiques ; un Arménien , nommé Paſcal, établit en 1672 un café à la foire St.-Germain, &, la foire finie, il le tranſporta au Quai de l'Ecole, où il fit une aſſez belle fortune ; mais ſes ſucceſſeurs ne réuſſirent pas de même, & ce ne fut qu'au commencement de ce fiècle, qu'un Sicilien, nommé Procope, rétablit la gloire des Cafés ; il ſe procura, comme Paſcal, une boutique à la foire St.-Germain, qui, étant ſuperbement dorée , attira la meilleure compagnie de Paris, qu'il y fixoit, pendant toute ſa durée, par ſon attention à ne lui préſenter que de bonnes marchandiſes. Il ajouta au débit du Café, celui du thé, du chocolat & des liqueurs chaudes de toute espèce ; enfin, il s'établit dans une salle très-propre, vis à vis la comédie françoise, & son café étoit encore, il y a trente ans, le rendez-vous des amateurs de spectacles & le champ de bataille des disputes littéraires.

L'établissement des cafés de Paris a fait tomber les cabarets, où autrefois les honnêtes gens s'assembloient sans scrupule ; ils prirent l'habitude d'aller passer quelque tems aux cafés, parce qu'ils y trouvoient des personnes instruites, des nouvellistes, & quelquefois la meilleure compagnie, avec qui ils pouvoient utilement & agréablement passer quelques heures ; mais ces beaux jours sont actuellement passés ; comme aujourd'hui ces lieux sont remplis de gens suspects, la bonne compagnie les a condamnés, ainsi que les cabarets ; & les musées, établis depuis peu à Paris, les ont remplacés.

Les ennemis du café lui attribuent les propriétés dangereuses de l'opium ; ils prétendent d'abord qu'il fouette le sang, & qu'il finit ensuite par le coaguler ; il est certain que l'excès de cette liqueur est contraire aux nerfs ; Willis, Médecin anglois, soutient qu'à la fin il rend paralytique ; personne n'ignore les bons mots d'une favorite d'un Roi de Perse, qui, voyant à travers ses jalousies les écuyers & les palefreniers, très-embarrassés pour venir à bout d'un cheval entier, dit que si on vouloit le rendre docile & tranquille, on n'avoit qu'à lui faire prendre du café ; elle savoit bien que le Sultan, son seigneur, en prenoit habituellement.

Outre le café, qui nous vient de l'Arabie, nous en tirons de notre île de Bourbon d'une très-bonne espèce, depuis 1726, & beaucoup plus encore de la Martinique & des autres îles Antilles. Nos Américains foutiennent qu'il eft auffi excellent que celui du levant ; mais c'eft ce dont ne conviennent pas nos gourmets de cette liqueur. Cependant, fi nos colonies n'avoient pas cultivé l'arbufte du Café, il feroit impoffible que la France puiffe s'approvifionner de la quantité de Café qu'on eft dans l'ufage d'y confommer ; nous ferions obligés d'avoir recours au feigle brûlé, & aux autres faux Cafés, parmi lefquels le feigle eft encore le moins dangereux ; il eft à propos, à cette occafion, de raconter quelle à été l'origine de la fortune d'un homme qui eft encore dans le nord de l'Europe, & qui y eft confidéré en raifon de fes richeffes & de fes talens.

Il faifoit un commerce affez médiocre, dans une province d'Allemagne, où le goût du Café s'étoit introduit avec une fureur fi étonnante, que les Fermiers du Prince ne pouvoient fuffire à en fournir les boutiques, quoiqu'ils trompaffent autant qu'ils pouvoient les amateurs, en donnant du Café des îles pour le Moka, & de petites féves, & autres méchans grains pour du vrai Café ; tandis qu'à ce fujet les plaintes fe multiplioient contre les marchands privilégiés du Café, l'homme dont il eft queftion, fit une fpéculation hardie, qui lui réuffit merveilleufement ; il commença par propofer au Prince de lui donner la Ferme du Café à un prix plus haut que fes prédéceffeurs, & il l'obtint ; enfuite il annonça que, pour la plus grande commodité, il diftribueroit fon Café tout brûlé, & par petits paquets, dont chacun feroit fuffifant pour faire une taffe ; la propofition fut goûtée ; il eut de ces paquets un débit confidérable, & on trouva fon Café excellent ; le Fermier fit une grande fortune, & ce ne fut que long-tems après que l'on apprit fon fecret, qui confiftoit à vendre du feigle brûlé pour du Café ; au refte perfonne n'en fut incommodé, & cette opération n'eft pas plus coupable que celle de frélater le vin, pourvu qu'on n'y faffe rien introduire de nuifible à la fanté.

On a été long-tems en ufage dans l'île de Bourbon, de prendre dans les cafféteries les jeunes plants qui naiffent des fruits tombés ; c'eft un abus, & l'expérience a prouvé que les plants languiffent pendant long-tems après leur tranfplantation. Les fémis doivent être faits en plein champ, après avoir donné à la terre qu'on leur deftine, plufieurs façons, & l'avoir engraiffée, non pas avec du fumier, mais avec du terreau ; on difpofera le terrein en planches, fur lefquelles on tracera des fillons d'un demi-pouce de profondeur, & qui feront efpacés de fept à huit pouces ; on jettera dans les fillons le fruit dépouillé de fa coque ; on éloignera chaque grain de fon voifin de trois pouces de diftance, & on le recouvrira de terre ; on choifira les graines bien mûres & fraîches ; dès qu'elles font defféchées, elles ne lèvent plus.

Pour enlever la pulpe, les nègres convalefcens ou infirmes paffent un cylindre de bois fur la cerife, lorfqu'elle eft rouge ; ils écraffent la pulpe & la féparent du grain ; les graines qu'on deftine à être plantées ne doivent pas refter amoncelées pendant long-tems ; la pulpe fermenteroit, & la fermentation nuiroit au germe. A mefure que le grain eft dépouillé de fa pulpe, il eft mis dans de la cendre, qui s'attache à l'enveloppe de la féve par l'intermède du fuc vifqueux fourni par la pulpe, & cette cendre empêche que les graines ne fe collent les unes contre les autres, ce qui facilite les femailles.

Quelques cultivateurs ont penſé qu'il étoit plus à propos de planter les graines entières, c'eſt-à-dire, avec leur pulpe. Lorſque la pulpe ſe deſſéche en terre, elle met un obſtacle à la ſortie du germe. Il arrive pour l'ordinaire que l'une des deux féves renfermées dans l'enveloppe commune, germe avant l'autre. Les deux feuilles ſéminales ſont renfermées dans l'enveloppe coriace, qui eſt particulière à chaque féve. La tige qui vient de naître porte cette enveloppe avec les feuilles, & pouſſe le grain lui-même hors de terre ; comme l'enveloppe commune, particulière à chaque féve, eſt contenue dans l'enveloppe commune aux deux féves, il réſulte néceſſairement de trois choſes l'une, ou que la tige tendre du plant n'a pas aſſez de force pour ſoutenir le poids de la ſeconde féve & de la pulpe, indépendamment de la terre qui les recouvre, & alors le plant périt ou bien, ſi un vent trop fort agite cette maſſe ſans défenſe, il caſſe la tige encore tendre ; enfin, ſi la ſeconde graine, dont la germination a été tardive, eſt paſſée ſur terre, elle s'y deſſéche & périt par l'action du vent & du ſoleil.

La ſaiſon la plus avantageuſe pour faire les ſémis, eſt celles des mois de mars, avril, mai & juin, parce que les plantes qui en proviennent, n'ont à ſupporter que la chaleur du ſoleil d'hiver de ces cantons, & ſont par conſéquent déja aſſez forts lorſque les ardeurs de l'été ſe font ſentir, tandis que les plantes, qui naiſſent en décembre & en janvier, ſont expoſées aux chaleurs les plus fortes dès le moment de leur naiſſance, ce qui en fait périr beaucoup.

Il eſt très-eſſentiel de ne laiſſer aucune mauvaiſe herbe ; on les arrache au pic, & non à la pioche , parce que le peu de diftance avec les rayons ne permet pas ce genre de travail.

On arrofe les fémis du Café , non-feulement pour les garantir de la féchereffe , mais encore pour accélérer leur végétation ; les arrofemens du foir font préférables à ceux du matin & de la journée. Si on eft près d'une rivière , on peut faire courir l'eau près des plates - bandes , qui doivent être dans ce cas très-étroites , pour qu'elles puiffent être humeétées entièrement par l'eau courante. Pour arrofer par irrigation , on difpofe les fentiers de manière qu'ils foient plus élevés qu'elles , & on fait couler l'eau dans celles-ci , ou bien on fe contente d'élever feulement les bords d'un carré , & on l'inonde tout à la fois, ayant attention , dans l'un & l'autre cas , que les plantes ne foient point fubmergées. La troifième manière d'arrofer , confifte à difpofer les plates - bandes de façon qu'elles foient un peu plus élevées que les fentiers qui les féparent ; on conduit le filet d'eau dans le premier fentier, à l'extrêmité duquel on met un peu de terre pour arrêter l'eau : des enfans entrent dans ce fentier, &, avec des calebaffes pleines d'eau, ils la répandent fur les plates - bandes, à droite & à gauche , jufqu'à ce qu'elles foient bien humeétées.

Les deux premiers moyens font les plus prompts & les plus faciles , mais pas auffi avantageux que le troifième ; fi le terrein de la caféterie eft trop humide , le plant jaunit , fa végétation eft lente & il eft peu propre à la tranfplantion.

Il arrive prefque toujours que les colons manquent fouvent de plant pour cultiver leurs tranfplantations : ce défaut retarde leurs travaux , & recule leur récolte, on fent tous les inconvéniens
qui

qui réfultent d'en aller chercher fort loin , & de changement de terrein ; il vaut donc mieux avoir des milliers de plants de trop dans les pépinières , que d'en manquer.

Il eft néceffaire de faire des fémis tous les ans , afin de remplacer les fujets qui ont péri par les coups de foleil , les fécherelles , les gros vers , les poux , affez connus dansnos îles , & les araignées, qui détruifent affez fouvent les arbres les plus vigoureux dans les caféteries , mais fur-tout dans les premières années de leur tranfplantation.

Les fémis donnent quelquefois des variétés , & il peut en réfulter des découvertes.

Les deux petits Cafés , confondus à Bourbon fous les noms d'*Adon* , d'*Oden* ou d'*Ouden* , dont la qualité eft fupérieure , ne font que des variétés , que l'on doit vraifemblablement à la culture. Si on défire multiplier les variétés que l'on obtient par ce moyen, il faut employer la greffe.

Il a paru , il y a quelques années , un petit fcarabé noir , qui ronge les feuilles des Cafés. Cet infecte eft plus à craindre dans les pépinières , que dans des caféteries fermées ; il y a lieu de croire qu'il a été apporté du Cap de Bonne-Efpérance. Les Hollandois mettent le foir fur les arbres des cornets de papier ou de feuilles , dans lefquels ces infectes vont nicher en foule pendant la nuit : on retire les cornets de grand matin , & l'on détruit les fcarabés qu'ils contiennent. On peut joindre à cette méthode celle de fecouer les arbres ; ces infectes tombent par terre & on les tue.

Un autre infecte blanc , qu'on nomme *pou* à l'Ile de France , s'attache aux branches , aux feuilles & même aux racines des Cafés ; il les fait languir, & on ne voit guères de ces poux que dans les fémis qui font placés dans des terreins fecs & arides : lorfqu'on les arrofe fouvent, il ne paroît plus de poux.

On a effayé de former des caféteries en plantant des graines dans les champs : ce moyen ne peut avoir de fuccès que dans des quartiers pluvieux ; cependant, comme les Cafés qui n'ont pas été tranfplantés, confervent leur pivot, ils réfiftent mieux aux ouragans.

Soit qu'on plante le Café de graines pour refter en place ; foit qu'on le tranfplante, on ne doit cultiver dans le même champ que du maïs & de petits pois, en éloignant ceux-ci des plants, & en ramant les autres, pour qu'ils ne cherchent point à s'attacher aux Cafés, encore ne doit-on le faire que pendant les deux premières années, après, lefquelles on ne doit rien cultiver du tout parmi les Cafés. Les pois du Cap font fujets aux poux & les communiquent aux arbres. L'*ambravade* lui-même, arbriffeau légumineux, dont on fait tant de cas à Bourbon, eft également fujet aux poux, & c'eft peut-être à l'ufage où l'on eft dans cette île d'abriter les jeunes Cafés avec cet arbriffeau, que les colons doivent la ruine de leurs caféteries par les infectes.

La faifon la plus avantageufe pour tranfplanter les plants de Café, c'eft celle des mois de juin, juillet & août ; c'eft alors qu'ils ont en général le moins de féve. & c'eft auffi le tems le plus froid de l'année dans ces climats. Si on avoit dans fes pépinières une quantité fi abondante de plants, on pourroit tenter la tranfplantation dans la faifon des pluies, c'eft-à-dire, dans les mois de janvier, février & mars.

Il y a deux façons générales de tranfplanter le Café ; l'une , qui eft la plus sûre & la plus profitable , mais la plus longue & la plus laborieufe , eft de le tranfplanter avec fa motte de terre. C'eft la plus fûre , en ce que tous les plants réufliffent en général , & c'eft la plus profitable par deux raifons. 1°. Il faut une quantité bien moindre de plants , puifqu'ils font moins fujets à périr. 2°. Ils ne fouffrent point de la tranfplantation , & par conféquent leur végétation n'en eft point , ou prefque point , ralentie. Pour cette méthode , on fe fert d'un déplantoir , qui enlève facilement le plant avec fa motte , & on coupe l'extrémité du pivot , quand il dépaffe. On mêle du terreau ou de la meilleure terre des environs dans le trou , & on le remplit : fi la terre des fonds eft trop féche , il faut l'arrofer quelque tems auparavant le moment de la tranfplantation.

La feconde méthode confifte à enlever les plants à nu ; c'eft-à-dire , fans prendre la peine de conferver leurs mottes de terre ; mais , avant de traiter de cette tranfplantation , il convient de parler du terrein propre à une caféterie.

Les terres fortes , marécageufes , marneufes , argileufes doivent être rejetées ; les Cafés aiment les terres légères , les rocailles , les pierres & les grandes chaleurs : s'ils paroiffent plus vigoureux , & profpèrent mieux dans les quartiers pluvieux , ils n'ont pas l'avantage de la quantité , & furtout de la qualité. Les terres rouges , à l'Ile-de--France , mélées de pierres & de groffes pierres , font en général les plus propres à la plantation des caféteries : dans les quartiers fecs , ils ne réuffiffent pas dans les terres rouges , franches & pro-

fondes , elles fe desfèchent trop promptement ;
dans les quartiers pluvieux, ils réuffiffent dans
les mêmes terres. Les terres noires, qui couvrent
la glaife à trois ou quatre pouces de profondeur ,
ne conviennent pas aux Cafés.

Quelques particuliers forment leur caféterie ,
par petits champs au milieu des forêts; & l'on a
remarqué que les Cafés, placés le long des bois ,
abrités du foleil levant & de vents généraux,
venoient plus promptement & étoient plus beaux
que les autres. La beauté eft illufoire, ils rapportent moins que les autres , & leurs fruits font
d'une qualité bien plus inférieure. Les Cafés
veulent le foleil & l'air , fans cela point de récoltes abondantes, point de fruits parfumés. Il
vaudroit donc mieux donner aux champs des
Cafés, dans les quartiers fecs la figure d'un parallélograme étroit, allongé , enfermé dans la fo-
rêt , de façon qu'il préfente les grands côtés à
l'eft, & qu'il s'étendît du nord au fud. Il faudroit pratiquer , de cent cinquante en cent cinquante toifes, des allées droites, larges, qui
partageroient le parallélograme en plufieurs autres , & qui traverferoient les deux litières des
bords oppofés à la plantation elle-même. Pour
éviter en partie les effets des vents du nord &
du fud, qui enfileroient toute la plantation, il
feroit à propos de planter des arbres , foit ali-
gnés , foit en charmilles , dans toutes les allées ,
qui deviendroient elles-mêmes un objet d'agrément & d'utilité , tels que le manguier , le bois
noir , le margozier , le lilas de Chine , le bado-
nier & fur-tout pour les quartiers pluvieux, le
cannellier de Cochinchine, qui donneront de l'abri
dès les cinquième , fixième & feptième années.

Les allées procurent un libre courant d'air favorable à la végétation ; les mouvemens de cet air font modérés dans les tems orageux ; enfin, elles facilitent le tranfport des fruits dans les tems de la récolte.

Dans les quartiers pluvieux, on feroit mieux de donner plus de largeur au parallélograme, & aligner les allées davantage entr'elles. Il n'eft pas rare d'y voir des Cafés pouffer avec vigueur, & périr fubitement, comme étouffés par l'abondance de la féve. Les faignées faites au fol y deviennent plus ou moins indifpenfables.

L'opinion générale des Iles de France & de Bourbon, eft que l'on doit placer les plants de Café à fept pieds & demi de diftance en tout fens ; mais cette diftance doit cependant être fubordonnée à la nature du fol & à la force qu'il donne à la végétation.

La tranfplantation exige à peu près les mêmes précautions dans tous les quartiers, & elles font plus néceffaires dans les quartiers fecs que dans les autres. On commencera, s'il eft poffible, par préparer d'avance les trous deftinés à recouvrir les plants. L'influence de l'air rendra meilleure la terre des fonds de ces trous. Dans les quartiers fecs, il faut profiter des jours pluvieux pour ouvrir les trous, & ils doivent y être moins larges que dans les quartiers humides, puifque, dans ces derniers, les arbres y deviennent plus vigoureux. Dans les terres nouvellement défrichées, les trous doivent y être plus confidérables, parce qu'elles fe trouvent remplies de groffes & de petites racines d'arbres, qu'il importe d'enlever. Elles fervent de pâture aux vers blancs ; qui attaquent celles du Café, & fur-tout le pivot, & font périr l'arbre.   D 3

On a remarqué que les vers blancs attaquent de préférence les takamakas & les palmistes. Il faut donc avoir attention de brûler les tiges de ces deux arbres, & même leur tronc. Lorsqu'on fera le défrichement, on arrangera le bûcher sur les troncs de ces arbres, & on y mettra le feu.

Le choix des plants est très-important pour la transplantation : quelques-uns pensent que ceux de cinq à six pouces étoient préférables, & l'expérience a prouvé que les plants forts réussissent mieux. Les plants de deux à trois ans réussissent mieux à la transplantation, mais elle seroit longue & dispendieuse.

Il y a trois précautions essentielles à prendre dans la transplantation : la première est d'enlever les plants avec le plus de racines qu'on pourra : la seconde est de couper le pivot en bec de flûte sur le lieu de la transplantation & la tête du plant. Cette dernière opération n'est pas adoptée de tous les colons; & ils ont tort. La troisième après avoir coupé les deux extrémités du plant, on le présentera dans le trou, on y ramenera peu à peu la terre, non celle que l'on en aura tirée, mais celle qui se trouve aux environs, sur la superficie du terrein, parce que c'est la meilleure, & on fouillera doucement avec la main, dans le trou & contre les racines, à mesure qu'on mettra de la terre, ayant soin de bien étendre les racines; de prendre garde qu'elles ne soient point ramassées en paquets, ou pressées contre le pivot. On fera bien de mêler, avec cette terre, du terreau ou de la cendre.

Lorsqu'immédiatement après la transplantation il survient un soleil ardent qui dure plusieurs jours, on doit, au moins une fois, faire arroser les plants.

Les foins qu'exigent les Cafés, une fois plantés, jufqu'au tems de la récolte, confiftent principalement à entretenir le terrein bien net, furtout au pied des Cafés : ils deviennent jaunes & languiffans dès qu'ils font gagnés par les herbes; & on eft affez généralement dans l'ufage de brûler toutes les mauvaifes herbes, après qu'on les a arrachées, parce qu'on s'eft apperçu qu'elles pouffoient prefque toutes fur le terrein, où on les avoit difperfées, quand il furvenoit de la pluie. Il eft plus avantageux d'en tirer parti en les étendant aux pieds des Cafés, pour engraiffer la terre; par ce moyen il n'en croîtra point de nouvelles, pendant long-tems fous celles qui font entaffées, mais il faut qu'elles forment un lit affez épais; d'ailleurs, on aura moins à faire dans le fecond binage, qui pour lors n'eft plus auffi preffé, ni auffi effentiel qu'eft le premier. Pourvu que les jeunes cafiers ne foient point étouffés, on doit peu s'inquiéter de tout ce qui croîtra dans les intervalles laiffés entr'eux; & on étendra au pied des Cafés toutes les productions qu'on cultivera dans la caféterie.

Toutes les fois qu'on nettoyera le terrein, on arrachera les herbes avec la main plutôt qu'avec la pioche; qui couperoit les racines capillares qui partent du collet de la plante, à moins que les plants ne foient tenans & trop enracinés.

La glaife, les dépôts de rivière font les meilleurs engrais pour les quartiers fecs. Dans ces mêmes quartiers, on doit détruire toutes les branches gourmandes; elles affament les bonnes branches : dans les terreins humides, ces gourmandes font moins à redouter. D 4

Lorſqu'on trouvera ſur les arbres du bois mort, ou des branches vertes à demi-rompues, on les taillera au vif, , & on appliquera ſur la plaie de la terre humectée.

Dès qu'un arbre de Café jaunit par les feuilles, c'eſt une preuve qu'il eſt malade. Il faut dans ce cas fouiller la terre au pied de l'arbre, & chercher ſi les racines, & ſur-tout ſi la partie pivotante qu'on lui a laiſſée, ne ſont pas attaquées par quelque ver. Quelquefois les racines ſont dévorées par les poux blancs; la terre, réduite en boue, les tue en frottant les parties affectées. Dans ce cas, comme dans le premier, il convient de changer la plus grande partie de la terre qui entoure l'arbre, & de lui en ſubſtituer de nouvelle, mêlée de cendre & de terreau; enfin, arroſer auſſi-tôt après, ſi le terrein eſt ſec.

Si ce moyen ne ranime pas l'arbre languiſſant, il convient de le receper; il pouſſera pluſieurs rejetons, & quand ils feront bien aſſurés, on les coupera tous, en ne conſervant que les plus forts; cependant, il ne faut pas tout abattre le même jour, mais ſucceſſivement & à pluſieurs jours de diſtance. Si le recepage ne réuſſit pas, c'eſt le cas d'arracher l'arbre, de faire un nouveau trou, plus grand & plus profond que le premier, d'en changer la terre; enfin de laiſſer le trou expoſé au ſoleil & aux pluies pendant pluſieurs mois.

Lorſqu on voit des poux ſur les branches, ſur les feuilles & ſur les fruits du Café, on doit préſumer que les feuilles en ſont également attaquées; on piochera aux pieds, on y jettera beaucoup de cendre & du terreau, & on frottera les racines & les branches avec de la boue, ainfi qu'il a été dit plus haut.

Les cafiers font quelquefois affectés d'une maladie fingulière ; les feuilles, les branches & fouvent même les fruits, font en grande partie couverts d'une matière noire, qui s'y fige & fe deffèche. L'évaporation de la féve en eft interceptée ; les arbres âgés font plus fujets que les jeunes à cette maladie, qui n'eft pas fort nuifible.

On eft dans l'ufage à Bourbon, & même à l'Ile de France, de ne pas relever les arbres renverfés par les ouragans : on fe contente de chauffer à la hâte les racines découvertes ; ces arbres pouffent des branches gourmandes, qui s'élèvent perpendiculairement. On laiffe profpérer une ou deux de ces branches, & on coupe le refte. La plupart de ces arbres périffent, quoiqu'on ait beau chauffer les racines. S'il furvient un fecond ouragan, la caféterie eft perdue. La meilleure méthode eft de fe hâter de relever les arbres renverfés, & de chauffer avec foin ceux qui font fur pied, auffi-tôt après l'ouragan.

L'ufage a prévalu d'étêter les arbres après trois ans de tranfplantation, afin que leurs branches s'étendent davantage, & que la récolte foit plus facile ; mais il ne fuffit pas d'étêter l'arbre une feconde fois. Quand on a coupé le fommet de la tige qui s'élève perpendiculairement, il fort deux jets droits, immédiatement au-deffus des deux dernières branches latérales qu'on a confervées ; ces deux jets forment deux nouvelles tiges, & celles-ci à la longue s'élèvent très-haut, au point qu'on ne peut atteindre avec la main le fruit qui croît fur les branches du fommet. Il faudra encore recouper ces deux jets ;

& , comme ils feront remplacés par d'autres, on coupera annuellement les jets perpendiculaires qui partiront du tronc; par ce moyen on viendra à bout de tenir l'arbre à la même hauteur, ainsi qu'on le pratique pour les haies, qu'on est obligé de tailler fans cesse, quand on veut les tenir au même niveau. La meilleure faison de pratiquer la taille est celle des mois de mai & juin, c'est alors que les Cafés en général ont moins de féve.

Il est hors de doute, que l'arbre auquel on laisseroit prendre son accroissement, donneroit des fruits de meilleure qualité que l'arbre étêté; mais les derniers font moins exposés aux ouragans & leur récolte plus facile. Les arbres livrés à eux-mêmes font plus précoces.

Lorfque les cafiers font fur leur retour, qu'ils portent du bois mort & donnent peu de fruits, il faut pour lors les receper tous, le plus près de terre que l'on pourra, dans les mois de juin, juillet & août, en même tems labourer les pieds, & y mettre de l'engrais. Ces arbres font en bon rapport environ pendant quarante ans.

La récolte dédommage le cultivateur de ses peines, & les foins qu'elle exige fe réduifent à cueillir le grain dans fa parfaite maturité; elle le connoît à la couleur de la cerife. Quand elle est d'un rouge bien foncé, & qu'elle commence à brunir, il est alors tems de le cueillir: cependant ce n'est pas la marche que l'on fuit; on cueille mal à propos le grain mûr & celui qui ne l'est pas.

La manière de deffécher les cerifes n'est point indifférente; on fe contente, dans nos colonies, de les deffécher à l'air & au foleil; dans quel-

ques-unes on bat la terre avec des demoiselles ;
& on étend toutes les cerises du Café fur cette
aire ; d'autres y répandent un peu de cendre ou
bien les jettent fur le gazon : la terre communique affez fouvent au grain une odeur défagréable. Les colons aifés font paver leur aire, en lui
donnant un peu de pente pour l'écoulement
des eaux ; cette méthode eft préférable aux autres.

On étend le Café fur l'aire tous les matins,
& le foir il eft mis en tas, recouvert avec des
nattes faites de feuilles de *voakas*, afin de le
garantir, pendant la nuit, de la pluie qui retarde la deffication. Cet ufage a un grand inconvénient; le Café en tas fermente, la deffication
eft plus lente, & nuit à la qualité de la feve ;
il vaudroit mieux, fur-tout dans les quartiers
fecs, laiffer les grains épars fur l'aire; les couvrir de nattes pendant la nuit, & dans le jour,
s'il furvient de la pluie. On a l'attention de paffer fouvent les rateaux fur les tas de Café, afin
que tour à tour les grains foient expofés au foleil : de toutes les méthodes, celle qui paroît
mériter la préférence, eft de fécher la cerife
dans une étuve. Le deffléchement eft plus fûr,
plus prompt & plus complet. L'étuve ne doit
point être auffi vafte qu'on pourroit le penfer,
parce que le Café d'une plantation ne fe récolte
pas tout à la fois.

Lorfque le grain eft defféché, il faut l'émon-
der; on a plufieurs moyens pour y parvenir :
les uns le pilent à force de bras dans un mortier de bois ; la main-d'œuvre eft longue & pé-
nible & le Café eft fujet à être écrafé ; d'autres
fe fervent de moulins à vent ou de moulins à

cau ; ces derniers font préférables, à caufe de la continuité & de l'égalité du mouvement. Lorf- que la pulpe eft levée, on lave les féves & on les met fécher au foleil, on les dépouille de leur enveloppe coriace, en les pilant ; enfin on les vanne.

Après cette opération, il faut encore deffé- cher le Café avant de le mettre dans des facs ; ici l'étuve eft excellente; fi on le deffèche à l'air libre, l'opération eft plus longue & plus cafuelle. Certains colons ne prennent pas tant de précautions ; alors il contracte une odeur qui diminue fa qualité ; au fortir de l'étuve, il doit être expofé à l'air, & enfuite mis dans des facs.

La culture du Café, que nous venons de rapporter, eft extraite du cours d'agriculture de Mr. l'Abbé Rofier, qui lui-même l'a extraite d'une lettre fur la culture du Café, adreffée à M. le Monnier fans nom d'auteur ; cette lettre eft inférée dans l'hiftoire univerfelle du règne végétal, dont nous donnons actuellement une deuxième édition, totalement refondue par dif- fertations particulières, qui réunies, formeront le corps complet de l'ouvrage, & qu'on pourra féparer à volonté.

Mr. Aublet a fait quelques obfervations rela- tives aux avantages & aux défavantages des dif- férentes cultures du Café ; il dit, entr'autres cho- fes, avoir remarqué que l'arbre du Café, qui eft abrité des vents, garanti de la grande ardeur du foleil, & planté dans un terrein entretenu dans une humidité modérée par la nature du fol, ou fréquemment arrofé par des rigoles, croît plus promptement, devient plus vigoureux, donne plus de fruit, eft moins fujet à être attaqué ou endommagé par les pucerons, & dure davantage que lorsqu'il se trouve battu des vents, exposé à l'ardeur du soleil, planté dans un terrein aride, & qu'il n'est arrosé que par les pluies, ce qui paroît opposé à ce que nous avons dit.

On observe assez généralement, ajoute Mr. Aublet, que les plantes d'une même famille se plaisent dans un sol & à une exposition du même genre. La plupart des plantes de la famille des rubiacées, à laquelle le cafier paroît appartenir, aiment les terreins frais, les abris des grands arbres, des broussailles profitent peu au grand soleil, ne souffrent pas la taille, si ce n'est d'être rabatues & coupées près de terre ; il est rare qu'on trouve ces plantes isolées ou exposées à l'ardeur du soleil, non plus que dans les terreins bien sujets à être inondés. Mr. Aublet diffère totalement de la méthode que nous avons rapportée ci-dessus, comme on peut le remarquer.

Voyons actuellement comment on doit s'y prendre pour cultiver cet arbre en Europe, & spécialement en France. Si on ne met point en terre la semence toute récente du Café, il ne faut point espérer de la voir germer, mais, en l'y mettant aussi-tôt, elle lève six semaines après : ce fait justifie les habitans du pays, où se cultive le Café, de la malice qu'on leur a imputée, de tremper dans l'eau bouillante ou de faire sécher au feu tout ce qu'ils débitent aux étrangers, dans la crainte que, venant à élever comme eux cette plante, ils en perdissent un revenu des plus considérables. La germination de ces semences n'a rien que de commun ; à l'égard du lieu où cette plante peut se conserver en France, comme il doit y avoir du rapport avec

le pays où elle croît naturellement, & où l'on
ne reſſent point d'hiver, on a été obligé juſqu'ici de ſuppléer au défaut de la température
de l'air & du climat, par une ſerre à la façon
de la Hollande, ſous laquelle on fait un feu
modéré, pour y entretenir une chaleur douce,
& l'on a obſervé que, pour prévenir la ſéche-
reſſe de cette plante, il lui falloit de tems en
tems un arroſement proportionné & modéré ;
car le trop d'humidité lui eſt également nuiſible :
il pourrit les racines, les dépouille de ſes feuilles & les fait périr ; la chaleur habituelle, dans
laquelle on la tient, doit être au même dégré
que celle de l'ananas. Trois ſemaines après que
le Café eſt levé, le jeune plant qui en provient
eſt bon à être tranſplanté : chaque baye produit
ordinairement deux pièces, qu'il eſt à propos
de ſéparer de bonne heure.

Lorſque l'arbre à Café eſt malade, il tran-
ſude de ſes feuilles une liqueur qui attire les inſectes, & ceux-ci ne l'abandonnent point, juſqu'à ce qu'il ſoit entièrement mort ; on ne les
détruit point avec des lotions, qui réuſſiſſent en
d'autres cas ; le mieux eſt de changer la terre &
bien viſiter les racines ; après quoi les lotions
pourront être utiles. Il eſt preſqu'auſſi nuiſible
au Café, dit Miller, d'être trop à l'air dans ſon
pot, que d'y être mouillé ſans diſcrétion ; du
moins eſt-il vrai qu'en gênant un peu l'extenſion
des racines, on oblige l'arbre à donner plus de
fruits. La meilleure terre qu'on puiſſe lui donner, eſt celle de nos potagers, ayant ſoin de
l'entretenir meuble. On choiſit toujours l'été
pour le changer de pot : en le tranſplantant, on
ménage les racines, on ſe contente d'en ôter

les fibres malades ou endommagées, & de recouvrir celles qui font trop près du pot.

` L'arbre élevé de femences donne du fruit,
dès l'âge de dix-huit mois dans les pays chauds;
ce n'eft qu'entre les tropiques, que le Café peut
vivre en pleine terre; en vain fe flatteroit-on
de le laiffer en plein air durant nos belles faifons; quoiqu'il parût s'y bien porter, les feuilles tomberoient bientôt dans les ferres, l'arbre
languiroit pendant tout l'hiver, fi même il ne
périffoit pas. On peut faire des boutures & des
marcottes de Cafier, mais elles ne profitent que
lentement, & ne donnent jamais que des arbres
médiocres.

Ce feroit un honneur pour le Café, dit l'auteur anonyme d'un éloge du Café, inféré dans
notre *Nature Confidérée*, 1777, *t. 3*, de fe trouver dans la quatrième églogue de Virgile, fous
le nom de *colocafia* (*mixtaque videnti colocafia
fundet cacantho*). La terre vous fera préfent
de colocafia, mêlé de l'agréable acanthe ou branc-
urfine; & en ce cas le Café meriteroit, par fes
qualités rares, d'être compris dans le rang de
tant de chofes merveilleufes, dont ce Poëte fait
le dénombrement dans cette belle égloque, &
que devoient donner à ce tems fortuné le titre
de *règne de Saturne renouvelé*; règne de Saturne,
ne, nommé le fiècle d'or; mais de tout ce qui
peut fe dire là-deffus, c'eft qu'à faire le paral-
lèle du Café & du colocafia, ils fe trouvent un
peu parens. Le colocafia eft une féve diftinguée
des autres, & qui a une qualité qui la rend
ftomacale. Ces circonftances conviennent au Café,
qui eft auffi une féve éminente, & une féve
très-propre à guérir les maux d'eftomac; jufques-

là il y a de la reffemblance, mais d'autre part le colocafia eft une féve d'Egypte, & le Café une féve d'Arabie; de plus, le colocafia eft une féve, dont la racine, les feuilles & les fleurs, felon la defcription que Diofcoride en fait, font différentes de celles du Café.

Il eft encore vrai que le Café n'étoit point en ufage fous l'Empire d'Augufte; cette plante merveilleufe de l'Afie a demeuré affez long-tems cachée, par un fort femblable à celui de Cyrus, qui a été un grand monarque de cette belle partie du monde. Cyrus, comme on fait, ne paffa, durant plufieurs années, que pour un fimple berger; mais enfin la période du véritable état de fa perfonne arriva; il fut reconnu pour ce qu'il étoit, & il devint le maître de l'Afie. Telle a été la condition du Café; il a été ignoré pendant plufieurs fiècles, quoiqu'il ne le fût pas dans les fables de l'Arabie heureufe; enfin, le tems vint de le faire diftinguer, ce qui arriva, dit-on, par le moyen de *Scieldré* & d'*Ardrus*; &, depuis la découverte qu'ils en firent, il a commencé à régner & règne toujours fur les autres légumes, par fes qualités fingulières. Le Café eft donc devenu, depuis environ deux cens ans, le breuvage ordinaire & délicieux des peuples du levant; l'ufage en eft fi univerfel & fi néceffaire, qu'un homme, lorfqu'il fe marie, eft obligé de donner des affurances à fa femme, qu'elle ne manquera pas de Café avec lui.

L'alcoran de Mahomet défend à fes fectateurs auffi févèrement de boire du vin, que la loi de Moyfe défendoit aux Juifs de manger du cochon: mais ils n'ont pas de peine à foutenir la rigueur de l'abftinence du vin en lui fubftituant le Café;

ils

ils prétendent même que le Café a une grande
préférence fur le vin, parce qu'il en a les bons
effets, & qu'il n'en a pas les mauvais. S'il en
faut croire les phyficiens, la chaleur naturelle
opère dans l'eftomac la diftillation du vin, de
la même manière qu'elle fe fait dans l'alambic,
en lui donnant le même dégré de feu; alors,
dit-on, l'efprit-de-vin fe fépare, il entre dans les
veines, il agite le fang & bleffe les membranes
du cerveau; ce qui refte dans l'eftomac n'eft
plus que du vinaigre, autrement le tartre du
vin, & ce tartre, par fa réfidence, peut caufer, dans les reins la gravelle; dans les inteftins
la colique, dans les articulations la goutte; effets étrangers, & quelquefois funeftes du vin,
qui non-feulement ne fe rencontrent point dans
l'ufage du Café, mais de plus, qui peuvent être
corrigés par le Café même, dont les excès ne
font pas à craindre, & dont toutes les impreffions
font bénignes & falutaires.

Auffi toute l'Afie fait un fi grand cas du Café,
qu'il femble qu'elle ait eu de la peine à fe réfoudre d'en faire part à l'Europe. Il y a long-
tems que l'Europe tire de l'Afie des diamans,
des perles, de riches étoffes de foie, des pièces
de coton travaillées finement, des porcelaines,
du corail & plufieurs autres chofes, qui font
rares & d'un grand prix; mais, comme fi le Café
eût été plus cher, plus précieux à l'Afie, que
tout ce qu'on vient de nommer, & qu'il fût fon
véritable tréfor, elle l'a tenu caché fort long-
tems; elle gardoit tout pour elle; car enfin nous
n'avons du Café dans l'Europe, que depuis près
d'un fiècle, & encore à préfent, on nous le fait
beaucoup attendre.

E

Cette reine de féves voyage pour ainſi dire
en princeſſe; elle ne fait pas de longues traites:
d'Yemen, où croît le Café, on l'apporte à Moka,
on le charge ſur des barques pour Gedda, port
de l'Arabie Pétrée; de-là on le tranſporte dans
des vaiſſeaux & dans des galères, à Suez, autre
port qui eſt à l'entrée de la Mer rouge; enfin
on charge le Café ſur un grand nombre de cha-
meaux, qui le portent au Caire, & du Caire,
on l'envoie à Alexandrie, où diverſes nations de
l'Europe le vont prendre, pour en faire, dans
leur pays, un commerce conſidérable; car on a
le même empreſſement pour le Café que pour
le blé; on s'intéreſſe à ſon abondance & à ſon
prix, comme on fait par-tout pour le blé, &
on craint d'en manquer comme du pain, lorſqu'il devient rare & très-cher; les nouvelles de
ſa rareté & ſa cherté, ſont des nouvelles affli-
geantes pour le public.

On peut conſidérer la dignité du Café par
rapport à l'une des qualités de l'or, qui, étant
le plus dur des métaux, a, au-deſſus d'eux, la
prérogative de poſſéder une ſubſtance plus com-
paƈte, & moins corrup[t]ble. Le Café a de même
une ſolidité que n'ont point les autres féves; on
ne ſauroit l'amollir, ni en le faiſant tremper, ni
en le faiſant cuire; il réſiſte, par une dureté
extrême, aux deux élémens ſi puiſſans de l'eau
& du feu, & cette ſolidité du Café, qui ne peut
être ſurmontée pour l'uſage qu'en le briſant, lui
ſert à bien garder ſon tréſor; je veux dire, à
conſerver précieuſement ſa vertu balſamique, de
peur qu'elle ne s'évapore avant de l'employer.

On a reconnu, en faiſant chimiquement l'ana-
lyſe du Café, ainſi que nous le rapporterons ci-

après, qu'il y aussi du soufre : on sait que la
vertu du soufre est admirable, qu'il y a une
huile (*l'huile est nourrissante*) & qu'il y a un sel
propre à raréfier les humeurs, & à délayer celles qui sont épaisses & aqueuses ; sel enfin qui
aide le sang à circuler : on assure même que la
substance volatile a ses parties, à peu près de
même grosseur, de même configuration & de même mouvement, que sont celles des esprits vitaux.

C'est aussi une excellence du Café, que, lorfque le feu ouvre les pores de cette admirable
féve, & qu'il en fait exhaler le phlegme, qui
tient embarrassés les esprits du Café, il se répand un parfum singulier, qui est charmant &
qui fortifie.

La fumée & la vapeur, qui font sentir ce parfum, sont si précieuses aux Orientaux, qu'ils
n'en veulent rien laisser perdre dans l'air : tandis
que le Café est chaud, qu'on ne peut pas encore
le prendre, ils présentent à leurs yeux, l'un après
l'autre, la vapeur du Café, ce qui, disent-ils,
fortifie la vue lorsqu'elle est foible, & ils réçoi-
vent ensuite cette vapeur dans leurs oreilles, où
elle guérit les maux qu'on y a, & préserve de
ceux qui pourroient venir.

La vertu générale du Café est de présider sur
le tempérament, quoiqu'il soit bilieux, ou mélancolique ; de tempérer la masse du sang, de
corriger les humeurs froides, pituiteuses & sali-
nes, de dessécher les sérosités, d'être d'un grand
secours contre les incommodités qui naissent d'une
réplétion universelle du corps, & d'une grosseur
extraordinaire du ventre, de détacher les pleg-
mes pour les expulser, de guérir les rhumes,
d'être un restaurant merveilleux dans un état de

foibleſſe, & un puiſſant cordial dans les défail-
lances: enfin, le Café a en général la faculté
de défendre l'intérieur du corps des eaux qui
pourroient l'inonder, & de combattre les maladies qui lui viennent des membranes, des nerfs
& des eſprits mal diſpoſés.

Les vertus ſpécifiques & particulières du Café
ſont principalement pour la tête & pour l'eſtomac; il ſoulage infailliblement tout le monde du
mal de tête, quelque furieux qu'il ſoit; il y en
a des exemples ſurprenans, juſqu'à voir des perſonnes guéries qu'on étoit prêt de trépaner, ne
ſachant plus que leur faire dans leurs douleurs
vives & aiguës; l'expérience confirme tous les
jours cette vertu céphalique du Café, lorſqu'elle
eſt ſuprême; pour moi, je n'ai ma tête en repos,
& je ne me ſuis point délivré d'une migraine
horrible, que depuis que je prends du Café, &,
ſi je ſuis quelques jours ſans en prendre, je ſens
mon mal revenir dans toute ſa force, avec les
ſymptômes de vomiſſement & de dévoiement,
deſquels il n'y a que le recours du Café qui
puiſſe me guérir.

On prétend qu'il eſt même un préſervatif certain contre l'apoplexie & la paralyſie, empêchant
qu'il ne ſe faſſe dans le cerveau des obſtructions
fatales, & s'oppoſant à ce qu'il n'arrive des
ſuffocations extraordinaires pas de groſſes fluxions
qui tombent ſur la gorge, cauſent des morts ſu-
bites: enfin, le Café tient toujours la tête en
bon état, il en diſſipe les nuages, & y établit
une ſérénité ferme & conſtante, dont ſe reſſen-
tent la mémoire & le jugement; auſſi, les Levan-
tins, qui ont une longue expérience des vertus du Café, n'entrent point dans le Divan,

fans en avoir pris , ayant éprouvé qu'ils en ont
l'efprit plus net & la mémoire plus préfente ,
pour réfléchir fur les affaires , & pour pénétrer.

Le Café eft encore merveilleux pour l'eftomac ; c'eft là , pour ainfi dire , fon autre fcène ,
fur laquelle il fait paroître d'autres vertus. Quand
les fibres de l'eftomac font relâchés , il les refferre
par un acide qu'il tient de fon amertume ;
il perfectionne le chyle & abforbe les crudités ;
il s'oppofe aux coagulations , il diffipe les fluxions,
il arrête les vomiffemens dangereux , il confume
les matières morbifiques ; enfin , le Café nettoie
& purge l'eftomac de tout ce qui pourroit y
caufer de la corruption.

On a aujourd'hui plus befoin que jamais du
Café , à caufe des vapeurs nouvelles & furprenan-
tes dont fe plaignent les hommes & les femmes.
Outre celles qui viennent aux femmes des af-
flictions hyftériques , il s'eft élevé d'autres , communes à l'un & à l'autre fexes , lefquelles on ne
connoiffoit pas autrefois ; elles font excitées par
une infinité de liqueurs nouvellement inventées ,
& que la volupté a mifes à la mode , le roffo-
lis , les ratafiats , l'eau de mille - fleurs , & tant
d'autres ; ne fe prennent pas impunément. Toutes ces compofitions délicieufes fe font bien payer
du plaifir qu'on a de les boire ; elles élèvent
d'étranges vapeurs, dont les fymptômes font cruels,
& dont on craindroit davantage les fuites , fans
le pouvoir qu'a le Café de furmonter ces vapeurs
& de les abattre.

Le Café fait du bien à toute forte de perfonnes ; il purge les reins de cette matière gravelleufe
qui peut caufer la pierre ; il foulage beaucoup
les goutteux , étant capable de réfoudre ces no-

dofités qui leur mettent les fers aux pieds & aux mains. Le Café eft utile à ceux qui parlent en public, à ceux qui voyagent & à ceux qui relèvent de maladie ; ceux-là en ont la mémoire plus fûre, leur voix plus forte & leur action plus libre ; les autres fatiguent avec moins de peine & fouffrent moins du changement d'air & de la mauvaife nourriture, & ces derniers reprennent plutôt leurs forces, leur premier vifage & leur embonpoint ; quelquefois même le Café leur fait du bien par avance, les guériffant de la fièvre, que les remèdes n'avoient pu vaincre,

Après ce que je viens d'établir des merveilles du Café, on conçoit aifément que, fi l'Arabie Heureufe, qui eft fa patrie, n'avoit pas le titre d'heureufe, cette incomparable féve le lui procureroit ; elle le lui augmente au moins pas les grands avantages qu'en reçoit le genre humain. Je tiens auffi que, fi Pythagore eût connu l'excellence miraculeufe du Café, il fe feroit bien gardé de faire ce préjudice aux hommes, de le comprendre dans fa défenfe, fi fameufe des féves : *Abftenez-vous des féves.* Il y auroit eu affurément une exception privilégiée pour l'ufage de celle du Café.

Les connoiffeurs difent que, pour avoir du bon Café, il faut prendre du dernier venu, comme étant le plus frais, car fon fuc fe deffèche à mefure qu'il vieillit ; il faut auffi que la féve foit pleine & bien nourrie, & que fa couleur foit d'un jaune foncé ; enfin, le plus léger eft le meilleur.

On doit regarder comme une fable ce que quelques-uns difent, qu'il faut que le Café ait paffé par le feu, pour amortir fon germe, avant de nous être envoyé. Sa vertu égale dans l'Europe comme dans l'Asie, réfute cette erreur ; de plus, on reçoit souvent du Café avec sa première écorce, laquelle le feu n'auroit pas laissée, & cette première écorce ôtée, la couleur n'est pas différente du Café, qui n'a que la seconde.

Pour ce qui est de la préparation, elle dépend principalement de la torréfaction, qui en est le grand article ; elle doit se faire avec un feu de braise sans flamme. La braise du charbon est la meilleure, elle est plus vive, & avance davantage la coction, &, par ce moyen, elle diminue la perte qui arrive par l'exhalaison : il faut agiter continuellement les féves, & les tourner toutes, jusqu'à ce qu'elles soient d'une couleur tannée un peu obscure. Si le Café étoit trop rôti, il y auroit une grande privation de ses esprits, &, s'il ne l'étoit pas assez, il y en auroit encore une partie engagée dans la matière.

Les féves tirées de dessus le feu, doivent être tenues couvertes. On les doit aussi laisser un peu refroidir, autrement elles empâteroient le moulinet, où on les met pour être brisées ; il est bon de passer la farine dans un tamis, pour en séparer le son ; un quart-d'once de cette farine suffit pour deux tasses ; &, afin de ne pas s'y méprendre, il est bon d'avoir une petite mesure, ou d'argent, ou de fer blanc. Plusieurs se servent de cafétières du Levant, lesquelles on nomme de quatre métaux ; mais, comme elles font de cuivre, & sujettes à être détamées & à faire du verd-de-gris, qui est un poison fort dangereux, le plus sûr & le plus propre, est d'avoir une cafétiére d'argent. L'ébullition ne doit point passer la troisième partie d'un quart-d'heure , car fi elle dure davantage , il s'échappe plufieurs parties volatiles : prenez garde dans l'ardeur de l'ébullition , que l'écume exaltée ne forte de la cafétière , car ce feroit du Café perdu , du Café infipide , & qui eft privé de fa force & de fa bonté.

L'eau eft le véhicule du Café, comme le vin eft celui du *quinquina* ; l'eau de rivière eft meilleure que celle de fontaine, & l'eau de la Seine l'emporte fur celle des autres rivières, parce qu'elle eft un peu purgative : enfin , fi on ne prend pas le Café par amufement, comme on le fait ordinairement avec les femmes, mais par un motif férieux de fanté, il faut prendre le Café en Café , je veux dire fans fucre ; car autrement le Café n'eft plus un fimple, mais un mixte : de plus le fucre échauffe, & lui emporte fon amertume, qui eft le principe de fes meilleurs effets ; ce n'eft plus auffi du Café, c'eft du firop : il vaudroit autant employer ce fucre à faire des dragées de Café , comme on fait des paftilles ambrées de chocolat. Le Café doit être pris , comme potable, fans y rien mêler ; il faut encore en féparer le marc , en le précipitant au fond avec quelques gouttes d'eau froide, car le marc eft la lie & la partie groffière du Café, qui peferoit fur l'eftomac, & lui feroit beaucoup de mal. On ne doit donc prendre que la teinture du Café, une teinture fimple & toute pure, & cette teinture étant bien faite, eft merveilleufe, car elle ne contient que les parties les plus fenfibles, les plus douces & les plus fulfureufes de cette féve fi falutaire, à la réferve de quelques corpufcules ignés, qui volatilifent fes parties de quelques particules arides, qui font la faveur de cette teinture & de quelques subſtances terreſtres, qui ſervent à lier la matière volatile, & à lui donner une conſiſtance. On doit boire cette teinture du Café la plus chaude que l'on pourra, & à pluſieurs repriſes & gorgées, comme on voit boire les oiſeaux dans leur petit abreuvoir. Il me ſemble que les taſſes de coco ſont fort propres à cela, car les bords de ce bois des Indes ne prennent pas tant de chaleur, que les porcelaines; elle demeure toute entière dans le Café pour ſa perfection.

Il ne faut pas oublier ici de répondre à l'accuſation qu'on forme contre le Café, en diſant qu'il empêche de dormir : le Café eſt ſemblable au caducée de Mercure (*dat ſomnos, adimitque. Æneid.* 4). Il fait dormir & il réveille, &, comme cette double propriété ne fait point de tort au caducée de Mercure, elle n'en fait point auſſi au Café. J'éclaircis la matière dans trois ſujets différens, à l'égard de ceux qui ſont dans un aſſoupiſſement qui tend à la léthargie; ſi le Café les tire de cet état, & les tient éveillés, ce n'eſt pas là les empêcher de dormir, c'eſt les empêcher de périr. Ce qui ſe fait alors n'eſt point un mal, c'eſt un remède, c'eſt une force pour la vie.

2°. A l'égard de ceux qui ſouffrent une grande agitation d'eſprit, agitation cauſée par une cruelle migraine, ou par quelqu'autre mal violent ; ſi le Café intervient, c'eſt pour calmer l'orage, & pour remettre les eſprits dans leur ſituation, état qui pour lors eſt ſuivi d'un ſommeil doux & tranquille, que le Café lui a procuré.

Enfin, à l'égard de ceux qui ne ſont ni léthargiques, ni tourmentés de migraine, s'il arrive qu'ayant pris du Café, ils ne s'endorment pas dans le lit, ce n'est pas une insomnie, c'est une veille ; ce n'est pas empêcher le sommeil, c'est rendre le sommeil non néceſſaire : le pores du cerveau, que le Café tient ouverts, donnent un grand paſſage aux eſprits, qui, étant formés, n'ont pas beſoin de sommeil pour les faire naître. Employons ici le ſens d'une fable : Junon avoit, dit-on, une petite corne d'huile, dont deux ou trois gouttes faiſoient vivre deux ou trois mois ſans manger, accuſera t-on cette petite corne d'empêcher de manger, lorſqu'elle ôtoit le beſoin de manger ? C'eſt là la perfection véritable du Café ; il ne combat pas alors le sommeil, mais il en eſt un ſupplément, il ne cauſe pas les inquiétudes & les peines de ne pas dormir, mais il met dans un état de force & de vigueur, où la nuit devient le jour, où l'on peut agir & travailler avec une diſpoſition plus aiſée, & plus vive, que celle qu'on attendoit du sommeil.

J'ai commencé, dit l'anonyme, par un paſſage de Virgile, je finis par un autre paſſage de ce grand Poëte : *verè fatis fatis eſt.* On sème, diſoit-il, les féves dans le printems ; je dis, à la gloire du Café, cette merveilleuſe féve ; qu'elle fait elle-même un printems dans la vie de l'homme, à qui elle forme une ſanté toujours fraîche & fleurie, & dans laquelle on ſe plaît, & on jouit commodément de ſoi-même. Pour conclusion, on peut dire que le Café, par ſon excellence & par ſa vertu, telle que je le viens de repréſenter, eſt préférable à l'uſage du thé, autant que le fruit l'emporte ſur la feuille, & au chocolat, autant que le ſimple eſt plus naturel que le compoſé. »

L'Académie royale des Sciences a fait l'analyse du fruit du caféier, qui est la seule partie en usage ; trois livres de Café étant torréfiées comme il convient, se sont trouvé diminuées de la quatrième partie de leur poids ; on a fait bouillir légérement deux livres quatre onces de ce Café, ainsi brûlé & réduit en poudre, dans douze livres d'eau limpide ; cette décoction, séparée du marc, versée par inclination, & distillée lentement au bain de vapeur, a donné six livres & neuf onces de liqueur limpide, qui étoit d'abord insipide, qui a donné ensuite des marques d'un peu d'acide, & enfin d'un acide violent. La masse qui est restée dans l'alambic, réduite à la consistance d'un extrait solide, pesoit dix-sept onces, deux gros, laquelle étant distillée par la cornue, a donné cinq onces, un gros, soixante grains de liqueur acide ; deux onces, trois gros, trente grains de liqueur âcre ou alkaline, avec une portion de sel volatil urineux ; une once, cinq gros & demi grain d'huile d'une consistance épaisse.

La masse noire, qui est restée dans la cornue, raréfiée & spongieuse, pesoit quatre onces, un demi-gros, laquelle étant calcinée pendant plus d'onze heures, soit au feu de réverbère, soit dans le creuset, est demeurée encore noirâtre ; elle a répandu de la fumée & de la flamme pendant tout le tems, & elle a été réduite à une once, trois gros ; étant ainsi calcinée, on en a retiré par la lixiviation sept gros, soixante-dix grains de sel alkali-fixe, qui avoit l'odeur & le goût de soufre. La perte des parties dans la distillation à la cornue, a été de trois onces, six gros, quarante-huit grains, & dans la calcina-

tion , les parties qui se sont évaporées en fumée
& en flamme , ont été de deux onces , cinq
gros , trente-six grains.

Il est clair , par l'analyse de cette teinture ,
qu'une demi-once de Café brûlé contient un gros ,
soixante-huit grains , d'un extrait épais , cinquante
grains environ de sel acide , huit grains de sel
volatil urineux , treize grains d'huile , qui approche de la consistance de la graisse ; huit grains
de sel fixe , & quatre grains de cendre ou de
terre ; mais la poudre , tirée après la décoction ,
& bien séchée , pesoit seulement vingt-trois onces , six gros , & par conséquent il y a plus de
douze onces de cette poudre dissoute dans la
décoction.

Ensuite cette poudre , qui faisoit le marc après
la décoction , étant distillée dans la cornue , il
est sorti cinq onces , un gros , quarante grains de
liqueur , qui a donné des marques d'un pur acide , & de beaucoup plus d'alkali : six onces ,
sept gros , trente-six grains d'huile épaisse & de
la consistance de la graisse , trente-huit grains de
sel volatil. On a retiré de la cornue six onces ,
quatre gros d'une masse noire , laquelle étant
calcinée pendant huit heures , a laissé quatre gros ,
vingt-quatre grains de poussière d'un gris cendré , dont on a retiré , par la lixiviation , vingt-
quatre grains d'un sel qui n'étoit pas purement
alkali , mais salé ; ainsi les parties qui se sont
dissipées & perdues dans la distillation , égalent
le poids de cinq onces , vingt-cinq grains , & ,
dans la calcination , cinq onces , sept gros , quarante-huit grains.

On peut conclure de ces analyses du Café ,
que sa vertu dépend principalement d'une huile

épaisse empyreumatique, mais qui se raréfie très-fort, & qui s'est chargée de particules de feu, en le torréfiant avec une portion assez considérable de sel volatil urineux.

Les bons effets du Café dépendent en partie du choix des grains ; on préfère, dans les Cafés de nos îles, les grains petits & verdâtres, à ceux qui sont plus gros & presque blancs ; ceux-ci ont une meilleure odeur. M. Otter rapporte que les Orientaux font peu de cas du *Café* de *Java*, & qu'ils lui préfèrent celui de nos îles françoises ; il est en effet meilleur pour le goût, & plus beau à l'œil, imitant celui de Moka pour le volume & la figure du grain, aussi bien que pour la couleur, quand il est bien choisi : cet auteur ajoute que notre Café a beaucoup perdu du goût de terroir qu'il avoit ci-devant, & l'on est persuadé qu'il deviendra meilleur, à mesure que les arbres vieilliront.

Prosper Alpin dit que les Egyptiens en boivent pendant tout le jour, mais qu'ils en prennent, le matin à jeun, de très-chaud, en l'avalant par gorgées ; il mettent bouillir, dans vingt livres d'eau, une livre & demie de grains de Café mondé de son écorce & rôti au feu ; il y en a qui, après avoir pulvérisé la graine rôtie, ne la laissent pas infuser, mais la font bouillir jusqu'à réduction de moitié, puis la passent & la gardent dans des pots de terre bien bouchés, d'où ils en tirent à chaque fois ce qu'ils veulent consommer, mais elle doit avoir perdu tout son parfum.

Les Arabes prennent le Café presqu'aussi-tôt qu'il a été bouilli, sans le laisser reposer, toujours sans sucre, & dans de fort petites tasses ;

il y en a parmi eux qui enveloppent la cafétière d'un linge mouillé, en la retirant du feu,
ce qui fait d'abord précipiter le marc du Café
& rend la boiſſon plus claire ; il ſe fait auſſi
par ce moyen une crème au-deſſus ; &, lorſqu'on
verſe dans les taſſes, il fume davantage & forme une eſpèce de vapeur graſſe, que les Arabes ſe font un plaiſir de recevoir, à cauſe des
bonnes qualités qu'ils lui attribuent.

Les gens de diſtinction de ce pays-là ont une
autre manière qui leur eſt particulière ; ils ne ſe
ſervent point de la féve du Café, mais ſeulement des écorces ou coques, en la manière ſui-
vante : on prend l'écorce de Café parfaitement
mûre ; on la briſe, & on la tient dans une petite poile ou terrine, ſur un feu de charbon en
la tournant, pour qu'elle ne ſe brûle pas, mais
qu'elle prenne ſeulement un peu de couleur ;
en même tems on fait bouillir de l'eau dans une
caſétière ; quand l'écorce eſt prête, on la jette
dedans, & on laiſſe bouillir le tout, comme le
Café ordinaire. La couleur de cette boiſſon eſt
ſemblable à celle de la meilleure bière d'Angleterre, il n'eſt pas néceſſaire d'y mettre du ſucre,
parce qu'il n'y a aucune amertume à corriger,
qu'au contraire on y ſent une douceur agréable,
cette boiſſon s'appelle *Café à la Sultane*, on
en fait un grand cas dans tout le pays ; on tient
ces écorces dans des lieux fort ſecs & bien fermés, parce que l'humidité leur donne un mauvais goût.

Pierre de la Vallée dit, que les Turcs prennent
toujours le Café très-chaud après le repas, &
qu'ils mangent en même tems de la graine de
melon. Thevenot rapporte que quelques-uns

mettent, dans le Café, des clous de girofle &
des grains du petit cardamome, & d'autres du
fucre, mais que ces mélanges en altèrent la vertu
& la falubrité.

Selon Profper Alpin, ceux des Egyptiens, qui
ufent d'écorces du Café, en mettent beaucoup
moins que ceux qui emploient la graine même;
ils en mettent, les uns fix onces, les autres
neuf, pour vingt livres d'eau de fontaine, qu'ils
font bouillir & réduire à la moitié; ils en ava-
lent le matin, à jeun, goutte à goutte un verre,
ou même plus; on en prend, pour chaque perfonne, environ le tiers d'une cuiller à bouche
que l'on jette dans un grand verre d'eau bouillante; on y ajoute un peu de fucre, & après
l'avoir laiffé bouillir un moment, on verfe dans
les taffes.

Le Café recemment cueilli, puis brûlé &
bouilli enfuite, donne une liqueur plus gracieufe
que celle du Café fec. Miller dit en avoir fait
avec du Café élevé en Angleterre, qu'elle fur-
paffoit notre meilleur Café Moka, & que cette
différence, par rapport au grain fec ou récent,
s'obferve de même en Amérique.

Après avoir rapporté, dans l'éloge du Café,
le fentiment d'un anonyme, nous croyons devoir ici dire ce que nous en penfons; il eft
certain que le Café, pris en infufion, anime &
purifie le fang; il eft très-bien indiqué pour les
vents, la galle, le fcorbut, les obftructions,
les rétentions des règles, diverfes indifpofitions
de la matrice, les maladies froides du cerveau,
l'affoupiffement, la trifteffe, la migraine, pour
faciliter la digeftion, prévenir la goutte & l'hy-
dropifie; on en reçoit la vapeur par les yeux,

pour en détourner les fluxions, & par le oreilles, pour dissiper les vents & les brouissemens;
le Café est même employé pour la pierre, la
suppression d'urine, la dyssenterie; la lienterie,
les échymoses; il ôte la mauvaise odeur de la
sueur & celle des médicamens dépilatoires; quelques auteurs ne craignent point de le conseiller
généralement, pour remédier à l'ébullition du
sang, à l'abattement des forces, &c. Il peut
être utile à ceux qui mangent beaucoup de fruits.
Le P. Malebranche rapporte qu'un homme,
tombé en apoplexie, fut guéri par plusieurs lavemens de Café. Certains physiciens ont prétendu qu'une grande partie de ses propriétés ne
font que les effets de l'eau chaude qui sert de
véhicule au Café; car, disent-ils, lorsqu'on man-
ge le Café à sec, l'on n'éprouve point la même
vivacité dans les esprits, que lorsqu'on prend
la même poudre de Café bouillie dans de l'eau;
chacun peut aisément se convaincre du contraire.

Au reste, les avis font très-partagés sur le
Café, & le plus grand nombre de Médecins en
blâme l'usage habituel. Il y a des personnes qui
en contractent une espèce de tremblement; d'autres font devenues sujettes à des maux de tête,
qui les rendoient inhabiles à tout, & qui n'ont
cessé qu'après une privation absolue du Café.
On voit des gens que cette boisson jette dans
des veilles continuelles, qui les font dépérir;
peut-être aussi n'ont-ils pas été assez réservés sur
son usage & sur le tems de le prendre: pour
l'ordinaire ce font des tempéramens, ou sanguins,
ou mélancoliques, ou tous deux ensemble. On
observe que les caractères pesans, sérieux, sé-
dentaires, dont les alimens font grossiers, & qui

ne

ne font pas ufage de liqueurs fpiritueufes, fe trouvent bien de prendre beaucoup de Café; tels font les Turcs, encore ne le prennent-ils qu'après l'opium, ou après avoir mangé. Les plaifirs du ferrail & l'opium peuvent même leur rendre cette boiffon néceffaire.

Hoffman & Schultz difent que c'eft l'ufage du Café, qui a rendu le pourpre milliaire fi fréquent, particulièrement à la fuite des couches, à caufe que cette boiffon met trop le fang & les humeurs en mouvemens.

Il eft certain que le Café à l'eau détermine plus abondamment toutes les efpèces d'hémorragies & empêche, plus ou moins, d'aller à la felle; pris au lait ou à la crême, il fait aller plus fréquemment & avec moins de peine à la garderobe; mais il y a peu de boiffons qui affectent plus fingulièrement la lymphe, que cette combinaifon du Café avec le fucre & la crême, & qui produifent un effet fi prompt. Non-feulement elle occafionne tôt ou tard les fleurs blanches, mais, quand on en a habituellement, il eft fort ordinaire de fentir cet écoulement augmenter, prefque dans l'inftant où l'on prend du Café à la crême: s'il y a des meres affez vigoureufes pour ne pas contracter cette infirmité, on voit quelquefois leurs filles y être fujettes dès l'âge de dix ou douze ans.

Simon Pauli dit que le grand ufage du Café énerve le corps & l'efprit même, en defféchant infenfiblement par l'abondance de fon foufré; cependant une thèfe, foutenue fous M. de Juffieu, regarde l'ufage du Café comme très-convenable aux perfonnes ftudieufes. M. Coinier, ancien Médecin de la Faculté de Paris, a fait fou-

F

tenir une thèse, qui affure que cette boiffon eft
falutaire à tout âge & à toute forte de tempéramens dans l'un & l'autre fexes. Au refte, il
peut arriver, comme dans les meilleures, chofes, que l'habitude & l'excès le rendent inutile
& même préjudiciable. Chacun doit confulter
fes difpofitions, & fe priver du Café, dès qu'il
en aperçoit quelques mauvais effets.

Quand on prend le Café par remède, comme pour la migraine, il eft utile d'en prendre
d'abord pendant un mois entier, tous les matins, enfuite deux fois par femaine, après quoi
une fois.

M. Loob fait un grand cas des vertus du
Café : en lifant, dit Loob, l'hiftoire des plantes de Ray, j'y remarque ce paffage : *Non nullos
novi meorum à nephritide cruciatos, qui nullum
incommodum indè ampliùs perfenferunt, poft-
quam potum Coffæ fatis, magna copia quotidiè
affumpfère.* (*Hift. plant. pag.* 85.) Comme j'é-
tois fort tourmenté depuis long-tems des douleurs de la pierre, je réfolus d'effayer ce remède,
& de prendre chaque jour la valeur d'une demi-
pinte d'excellent Café. Je commençai de faire
ufage de cette boiffon en 1722, & depuis ce
tems-là, jufqu'en 1738, je ne me rappelle plus
d'avoir eu plus de deux accès de néphrétique,
encore étoient-ils beaucoup plus fupportables
que ceux que j'avois eus auparavant.

On prépare le Café de différentes façons foit
pour boiffon, foit comme aliment.

1°. *La préparation du Café en boiffon.* On fait
brûler ou rôtir le Café dans une poële de terre
verniffée ; pendant qu'il eft fur le feu, on l'agite
fans ceffe avec une fpatule ou cuiller de bois,

ou bien en remuant la poële, jusqu'à ce qu'il soit d'un violet tirant sur le noir; puis on le réduit en poudre avec un moulin, qui ne sert qu'à cet usage. On fait bouillir de l'eau dans une cafetière; quand cette eau bout, on la retire un peu du feu, pour y jeter environ une once de cette poudre sur une livre d'eau, on remue en même tems l'eau avec une cuiller, tant pour mêler le Café, que pour empêcher que la liqueur ne sorte de la cafetière, ce qui ne manqueroit pas d'arriver; quelques-uns y jettent un peu d'eau froide, pour arrêter la forte ébullition; il est même à propos de retirer une tasse d'eau avant de mettre la poudre dans la cafetière; on y renverse cette eau à différentes fois, pour abattre le Café à mesure qu'il monte; on remet ensuite la cafetière au feu, où on la laisse près d'un quart-d'heure, ensuite on la retire, pour laisser éclaircir la liqueur; quand elle est claire, on la verse bien chaude dans des tasses, & on la boit, après y avoir mis du sucre pour corriger l'amertume, qui est désagréable à ceux qui n'y sont pas habitués : lorsque le Café a bouilli, il faut toujours le tirer au clair, si on veut le garder; alors même plus on le fait chauffer, plus il perd de sa qualité; il ne fait que noircir & devenir foible. Pour bien clarifier le Café, on peut y jeter un petit morceau de sucre, ou plutôt un peu de corne de cerf en poudre, ce qui opère promptement.

On fait d'excellent Café en le mettant moulu dans une cafetière d'argent échauffée, y versant ensuite de l'eau bouillante, & remuant bien avec une cuiller, on le verse aussi tôt qu'il est reposé; de cette façon, il n'est point âcre,

& il a beaucoup de parfum ; il faut mettre la dofe un peu forte.

2°. *Le Café à la grecque.* Pour faire le Café à la grecque, il faut mettre dans une chauffe un peu claire la quantité de Café réduite en poudre ; qu'on juge néceffaire, & vider par deffus la quantité néceffaire d'eau bouillante, laiffer le tout repofer, & fervir très-chaud. Si on n'a point de chauffe, lorfque l'eau fera bouillante dans la cafetière y jeter la poudre, la remuer avec une cuiller, laiffer repofer près du feu, & tirer au clair.

En fuivant exactement ce procédé, on verra, fur la furface de la liqueur, l'huile furnager, & le Café fera aromatifé. Lorfqu'on fait bouillir le Café, l'huile effentielle s'évaporera ; que fera-ce donc quand on fera rôtir le grain à grand feu ? le Caffé trop brûlé a un goût amer, fort, & il échauffe prodigieufement.

Dans les grandes maifons, on a coutume de le clarifier avec la colle de poiffon ; la liqueur, il eft vrai, eft plus agréable à la vue ; mais cette colle s'eft unie avec l'huile effentielle, fe l'eft appropriée, & en a dépouillé le Café ; cependant c'eft fa feule partie aromatique & agréable.

3°. *Préparation du Café non brûlé.* Cette préparation confifte à tirer la teinture du Café, comme on tire celle du thé. Prenez un gros de Café en féves, & bien mondé de fon écorce ; faites-le bouillir pendant un demi-quart-d'heure au plus dans un demi-feptier d'eau ; retirez enfuite du feu cette liqueur, qui aura pris une belle couleur brune, &, après l'avoir laiffé repofer un peu de tems, vous la boirez chaude, avec du fucre ; on peut encore employer une deuxième & troisième fois le même Café dont on s'est déja servi.

4°. *Café à la Sultane*. Nous en avons rapporté le procédé dans le cours de cette Dissertation.

5°. *Nouvelle préparation du Café*. Gardez chaque jour le marc de votre Café, faites-le bien sécher à l'air, & conservez-le dans un lieu sec; lorsque vous en aurez une certaine provision, mettez-le dans un creuset, que vous exposerez à un feu de calcination, afin que ce marc puisse être réduit en cendres très-blanches; vous conserverez ces cendres dans une boîte de buis, bien fermée, & dans un endroit qui ne soit point humide; quand vous voudrez en faire usage, voici le procédé qu'il faudra suivre : vous prendrez le marc de votre dernier Café; sur trois livres de marc vous mettrez trois cuillerées de cendres, dans une pinte d'eau, vous ferez bouillir le tout à bouillons lents, une petite demi-heure, après quoi vous laisserez refroidir & reposer, vous filtrerez au papier cette liqueur, qui sera très-claire, & qui prendra la place de l'eau simple, que vous aviez employée à faire votre Café. Si les opérations énoncées ont été bien faites, en mettant dans cette liqueur la dose du Café ordinaire, vous aurez une boisson beaucoup plus forte & plus agréable. Tous ces petits soins paroîtront peut-être embarrassans, mais on assure que les gourmets n'auront pas lieu de s'en repentir.

6°. *Crême du Café*. Mettez une pinte de crême dans une casserole, avec un morceau de sucre, & deux cuillerées de Café moulu; faites bouillir le tout, puis l'ôtez du feu; prenez en-

fuite deux ou trois gefiers de volaille, ouvrez-
les, ôtez-en la membrane intérieure & la hachez,
mettez-la dans un gobelet ou autre vaiffeau,
avec un verre de votre crême de Café, près du feu
ou fur de la cendre chaude : ce mêlange fait, jetez-
le dans le refte de la crême de Café, & paffez
promptement le tout deux ou trois fois par l'é-
tamine ; placez enfuite votre plat fur la cendre
chaude, mettez-y la crême & la couvrez d'un
autre plat avec du feu deffus ; lorfque la crême
fera prife, vous la mettrez dans un lieu frais, &
la fervirez pour entremets, chaude ou froide ;
vous pourrez auffi la fervir à la glace.

7°. *Autre façon.* Prenez du Café ce qu'il en
faut pour quatre bonnes taffes, faites-le bouillir
dans une cafetière, avec de l'eau ; quand il fera
repofé, tirez-le au clair, mettez-le enfuite avec
une chopine de crême & un quarteron de fucre, faites-le bouillir & réduire à moitié, délayez-
y quatre jaunes d'œufs, & plein une cuiller à
Café de farine ; paffez votre crême au tamis, &
la faites cuire au bain-marie : cette crême eft
auffi faine qu'agréable.

8°. *Cannelons glacés de Café.* Pour faire fix
cannelons, pefez deux onces d'eau, vous mettrez cette eau dans une cafetière ; lorfqu'elle
bouillira, vous y jetterez au moins fix onces de
Café, pour en faire du Café, comme à l'ordinaire ; quand il fera fait, bien repofé & tiré au
clair, vous le mettrez dans de la crême, que
vous aurez fait bouillir auparavant avec une livre de fucre ; vous mefurerez votre crême avant
de la faire bouillir, il en faut la mefure de quatre cannelons ; faites bouillir la crême avec le
Café & le fucre, jufqu'à ce qu'elle foit diminuée

d'un tiers, en la tournant toujours sur le feu ; vous la mettrez ensuite dans une terrine, jusqu'à ce que vous le fassiez prendre à la glace.

9°. *Fromage glacé de Café.* Faites du Café comme à l'ordinaire ; il en faut prendre six onces par chopine ; lorsqu'il sera bien reposé & tiré au clair, prenez une pinte de crême, qui puisse aller sur le feu ; après avoir fait un bouillon, mettez-y environ une livre de sucre, & le Café que vous aurez tiré au clair ; faites faire cinq ou six bouillons, en remuant toujours ; vous mettrez ensuite votre crême dans une sablotière, pour la faire prendre à la glace.

10°. *Gauffres de Café.* Mettez dans une terrine un quarteron de sucre en poudre, deux œufs frais, une bonne cuillerée de Café passé au tamis ; mêlez le tout ensemble, en y mettant peu à peu de la crême double, jusqu'à ce que votre pâte soit de bonne consistance, sans être ni trop claire, ni trop épaisse, qu'elle file en la versant avec la cuiller ; faites chauffer le gauffrier sur un fourneau, & frotez-le des deux côtés avec de la bougie blanche ou du beurre, pour le graisser ; vous y mettrez ensuite une bonne cuillerée de votre pâte, fermez le gauffrier pour le mettre sur le feu ; après l'avoir fait cuire d'un côté, vous le retournerez de l'autre ; lorsque vous croyez que la gauffre est cuite, vous ouvrez le gauffrier, pour voir si elle est de belle couleur dorée, & également cuite ; vous l'enleverez tout de suite pour la poser sur un rouleau ; appuyez la main dessus, pour lui faire prendre la forme du rouleau, laissez-y jusqu'à ce que vous en ayez fait une autre de la même façon ; pendant qu'elle cuit, vous ôtez celle

qui eſt ſur le rouleau , & vous y mettez à meſure celle que vous retirez du gauffrier; lorſqu'elles feront toutes faites, vous mettrez le
tamis où ſont les gauffres , à l'étuve, pour les
tenir ſechement , juſqu'à ce que vous les ſerviez.

11°. *Glace de Café.* Faites bouillir deux ou
trois bouillons, ſix onces de Café, avec une
chopine d'eau; lorſqu'il ſera repoſé, vous le
tirerez au clair & vous le mettrez bouillir avec
trois demi-ſeptiers de bonne crême, & trois
quarterons de ſucre, vous le ferez bouillir, en
le remuant toujours, juſqu'à ce que votre crême ſoit diminuée d'un tiers; vous l'ôterez du
feu pour le mettre dans une terrine, juſqu'à
ce que vous le laſſiez prendre à la glace.

12°. *Mouſſe de Café.* Faites du Café comme
à l'ordinaire; prenez-en ſix onces, que vous
mettrez dans une chopine d'eau; laiſſez-le re-
poſer au moins une bonne heure, avant de le
tirer au clair; vous y mettrez ſix jaunes d'œufs
frais, que vous y démêlerez ſans le remettre
ſur le feu; ajoutez-y trois demi-ſeptiers de crême
& une livre de ſucre, mêlez bien le tout enſemble, &, lorſque le ſucre ſera fondu, vous
finirez vos mouſſes. Nous n'avons rapporté tous
ces différens procédés, que pour ne rien laiſſer
déſirer à nos Lecteurs ſur le Café : nous en ferons
de même dans nos différentes diſſertations ſur les
plantes alimentaires.

Le Café en féve eſt ſuſceptible de prendre
toutes les odeurs des corps qui l'environnent,
& l'humidité lui eſt très-pernicieuſe; la meilleure manière de le conſerver eſt de le tenir ſuſ-
pendu dans un ſac, & attaché à quelques pou-
tres d'un grenier ou de tel autre endroit, où

il règne un grand courant d'air ; le Docteur Hermand, Médecin de Nancy, grand amateur de Café, avoit soin de le tenir ainsi suspendu pendant cinq ou six ans, & il n'en faisoit usage qu'après ce laps de tems ; il étoit pour lors aussi bon que le Café Moka.

L'Abbé Rosier dit avoir fait nombre d'expériences, pour parvenir à enlever, à certains Cafés, le goût qu'on nomme vulgairement *mariné* ; une seule, dit-il, lui a passablement réussi ; elle consiste à le jeter dans l'eau bouillante, l'y laisser quelques minutes, la vider, & exposer ce grain au grand soleil ou dans une étuve, ce qui vaut encore mieux, enfin de le conserver suspendu ; le même procédé est utile pour les Cafés verds.

On supplée quelquefois au Café ; on emploie en sa place, ou du seigle brûlé, ou des racines de chicorée coupées par morceaux ; aussi brûlées, ou même des pommes de terre ; on prépare pour cet effet ces dernières de la manière suivante : Il faut prendre une certaine quantité de pommes de terre, ou patates, que l'on fera bouillir pendant très-peu de tems, afin d'en pouvoir ôter la peau avec facilité ; dès qu'elles seront refroidies, on les coupera en tranches assez minces, qu'il faut étendre sur une planche de chêne ou sur une plaque de fer, pour les faire sécher commodément dans un petit four, tel que celui qui est au-dessus de nos poëles : on tourne ces morceaux de pommes de terre, pour les faire mieux dessécher, &, lorsqu'on y est parvenu, ils sont propres à l'usage auquel on les destine, ou pour les conserver, ou les torréfier ; ensuite on les brûle, comme le Café ordinaire, fans excès, & on les réduit poudre au moulin; il faut mettre un blanc d'œuf fur huit taffes de cette poudre, pour donner une forte de confiftance aux pommes de terre moulues; la boiffon fe prépare, comme le Café; avec du lait & du fucre; elle eft extrêmement faine, n'échauffe point comme le Café, & paroît beaucoup plus analogue à notre climat & à notre conftitution.

La troifième efpèce de Café eft le Café à panicule. *Cofea paniculata. Cofea ramis quadrangularibus; foliis angulatis, ovato oblongis, acutis, corollis quadrifidis. Aublet, 125, &*, par les Garipous, *vova virouga*. Le tronc de cet arbre s'élève à fept ou huit pieds, fur cinq à fix pouces de diamètre; fon écorce eft grisâtre, ridée & gercée; fon bois eft dur & blanchâtre; à mefure qu'il fe prolonge, il pouffe des branches oppofées, rameufes, noueufes, à quatre angles; les rameaux font garnis, à chaque nœud, de deux feuilles oppofées & difpofées en croix; elles font vertes, liffes, entières, luifantes, fermes, ovales, terminées par une longue pointe; les plus grandes ont huit pouces & demi de longueur, fur trois & demi de largeur, leur pédicule eft court; entre la naiffance des deux pédicules oppofés, il y a de chaque côté une ftipule large & aiguë, qui tombe bientôt après le développement des feuilles; les fleurs naiffent à l'extrémité des rameaux fur une panicule, dont la tige & les branches font à quatre angles; le calice eft très-petit, d'une feule pièce, évafé à fon limbe, qui eft marqué de quatre petites pointes; la corolle eft blanche; monopétale, attachée fur l'ovaire autour d'un difque;

son tube eſt long, partagé en quatre tubes larges & aigus ; les étamines ſont au nombre de quatre, placées ſur la paroi interne & moyenne, du tube, au-deſſus des ſes diviſions ; leur filet eſt court, l'anthère eſt longue & a deux bourſes, qui s'ouvrent en deux valves. Le pyſtil eſt un ovaire, qui fait corps avec le calice, il eſt couronné d'un diſque, du centre duquel ſort un ſtil terminé par un ſtigmate à deux lames bleuâtres ; l'ovaire devient une baye bleuâtre, d'une ſubſtance charnue, qui contient deux ſemences appliquées l'une contre l'autre, marquées d'un ſillon longitudinal ; ſouvent il y a une des ſemences qui avorte. Les fleurs de cet arbriſſeau exhalent une odeur, qui a beaucoup de rapport à celle de la jacynthe cultivée.

Cette eſpèce eſt repréſentée dans l'Hiſtoire des plantes de la Guyane Françoiſe, par M. Aublet, pl. 58 ; elle croît naturellement dans les grandes forêts de la Guyane, qui s'étendent ſur les bords de la Crique des Galibis.

La quatrième eſpèce eſt le Café de la Guyane. *Cofea Guianenſis*, *Cofea Floribus quadrifidis*, *baccis exiguis*, *violaceis*, *diſpermis*. *Aublet*, 150. Cet arbriſſeau pouſſe de ſa racine une tige ligneuſe, noueuſe, branchue & rameuſe, qui s'élève à un ou deux pieds ; ſes branches & ſes rameaux ſont garnis, à chaque nœud, de deux feuilles oppoſées & diſpoſées en croix ; celles-ci ſont vertes, liſſes, fermes, luiſantes, entières, ovales & terminées en pointe ; leur pédicule eſt très-court ; dans l'intervalle d'un pédicule à celui qui eſt oppoſé, il y a une petite ſtipule longue, pointue, roide & verte, au-deſſous de laquelle eſt une côte ſaillante, qui s'étend d'un

nœud à l'autre ; les plus grandes feuilles ont deux
pouces de longueur fur neuf lignes de largeur.
Les fleurs naiffent à l'aiffelle des feuilles , plufieurs enfemble ; elles font petites & blanches ;
le calice eft d'une feule pièce, qui fe divife, à
fon limbe , en quatre lanières roides & aiguës ;
la corolle eft monopétale, attachée fur l'ovaire
autour d'un difque ; fon tube eft long de deux
lignes, fon pavillon eft partagé en quatre lobes
aigus ; les étamines font au nombre de quatre,
placées à la paroi interne & inférieure du tube ,
au-deffus de fes divifions ; leurs filets font courts,
l'anthère eft longue & a deux bourfes ; le pyftil
eft un ovaire arrondi , qui fait corps avec le
fond du calice ; il eft couronné d'un difque ,
du centre duquel fort un ftil , terminé par un
ftigmate à deux lames ; l'ovaire devient une baye
fphérique , violette , qui contient deux femences coriaces , convexes d'un côté & applaties
de l'autre ; elles font renfermées dans un calice.
Cette efpèce eft repréfentée dans la cinquante-
feptième planche de l'Hiftoire des plantes de la
Guyane Françoife , par M. Aublet ; elle croît
dans la Guyane , dans les grandes forêts d'Orap.

DISSERTATION
SUR LE CACAO,
SUR SA CULTURE,

Et fur les différentes Préparations de Chocolat.

CE genre de plante, connu fous les noms botaniques de *Theobroma Linn. Guazuma Plum. Cacao Tourn.* ; en françois, *Cacao, Cacaotier, Cacaoyer, Cacoyer;* en anglois, *Chocolate nut tree*, & trivialement, *le Mets des Dieux*, a pour caractère d'avoir le périanthe du calice réfléchi, s'étendant, à trois folioles ovales, concaves, qui tombent ; les pétales de la corolle font, au nombre de cinq nervures, concaves, en forme de cafque ; chacun eft une foie fendue en deux, cornue ; le nectaire eft campanulé, droit, s'étendant, plus petit que les pétales, compofé de cinq folioles, ovales, lancéolées, réunies : les filamens des étamines font en forme d'alènes, de la longueur du nectaire, auquel ils font attachés en forme de rayons ; chacune eft fendue en cinq au fommet; les anthères font, au nombre de cinq dans chaque étamine, couvertes de la voûte des pétales ; le germe du piftil eft ovale ; le ftil eft, en forme d'alène, de la longueur du nectaire ; le ftigmate eft fimple ; l'écorce

du péricarpe eſt ligneuſe , inégale , raboteuſe ,
à cinq côtés , renfermant intérieurement des
ſemences , auſſi de cinq côtés. Les ſemences
ſont charnues, ovales, nombreuſes. M. le Chevalier de Linné en admet deux eſpèces , dont
l'une eſt le vrai cacaotier de Tournefort , à fruit
oblong , à cinq angles, alongé de chaque côté ;
& l'autre eſt le guazumier de Plumier , à fruit
globuleux , raboteux de chaque côté par des
tubercules , & dont l'écorce eſt perforée en
forme de crible à quatre loges : il les a rangées
dans la 18e. claſſe de ſon Syſtême ſexuel , qui
comprend les plantes polyadelphiques , pentandriques.

Le Cacaotier de Tournefort ſe nomme *Theo-
broma Cacao , Theobroma foliis integerrimis ,
Linn. Syſt. Pl. edit. Reich. t. 3 , p. 582. Murray ,
edit. XIV , p. 696. Cliff. 397. Mat. med. 176.
Jacq. obſerv. t , p. 2. Idem , Americ. Piĉt. , p.
104, Cacao. Cluſ. exot. 55. Sloan , Jam. 134.
Hiſt. 2 , p. 15 , t. 160. Mer. Surin. 26 , t. 26
& 63. Geoffr. Mat. 409. Catesb. Car 3 , p. 6.
Blackw. t. 373. Mill. Diĉt. Arbor. cacaocifera
Americana. Pluk. Alm. 40 , p. 268 , fig. 3. Amyg-
dalis ſimilis guatimelenſis. Bauh. Pin. 442. Der
Wahre cacaoboum. Lin. Pflanzen , Syſt. 2 , p.
214 , t. 14.* Les feuilles de cette eſpèce ſont
très-entières , ſuivant Linné , dans la diſſertation
ſur les plantes de Surinam , qu'il a publiée en
1776. Son calice eſt à cinq feuilles lancéolées ;
les pétales ſont au nombre de cinq , en voûte ,
ovales , pétiolées ; la découpure terminale eſt
étendue ; les étamines fertiles ſont ſolitaires ſous
chaque pétale intérieur ; l'anthére eſt quadruple ;
les autres étamines ſont , au nombre de cinq ,

alternes, applaties sous le germe, stériles; le germe est supérieur; le stil est simple. Cet arbre vient sans culture dans l'Amérique méridionale, aux Antilles: il est représenté dans l'histoire de la Jamaïque, par Sloane, t. 2, pl. 160; dans l'histoire des Insectes de Surinam, par Mlle. de Mérian, pl. 26 & 63; dans l'histoire de la Caroline, par Catesby, t. 3, pl. 6; dans les nouvelles éditions des plantes de Blackwel, pl. 373; dans l'Almag. de Plukenet, pl. 268, fig. 3; parmi les plantes peintes de l'Amérique, par Jacquin; & dans notre Jardin d'Eden, t. 1, pl. 65. Suivant Reichard, cet arbre appartient à la pentandrie, puisque les filamens de sa fleur ne font pas réunis.

Mlle. de Mérian dit avoir trouvé sur le cacaotier, plusieurs chenilles noires rayées de rouge, tachetées de petits points noirs, qui se nourrissoient de ses feuilles, & qui se changeoint en des phalènes blancs, rayés & tachetés de noir. Elle a aussi trouvé, sur le même arbre, une grande chenille d'un vert-jaunâtre, dont le corps étoit couvert de poils aigus, verds vers la racine, & jaunes vers la pointe, qui se transforma en une nymphe brune, d'où sortit un phalène couleur de rose, dont les ailes de dessous avoient deux grandes taches blanches, bordées de noir, & au milieu desquelles il y avoit trois taches aussi noires, l'une grande, l'autre plus petite & triangulaire. La chenille est très-venimeuse, suivant Mlle. de Mérian; car elle la blessa aux doigts dont Mlle. de Mérian la toucha: ses doigts devinrent aussi-tôt pourpres & livides, & lui causèrent une grande douleur, qui se communiqua à la main & jusqu'au coude. Elle eut d'abord recours au remède ordinaire de l'huile de scorpion, &, en moins d'une demi-heure, elle fut guérie. Mlle. de Mérian l'ayant examinée avec le microscope, elle remarqua que cette chenille étoit couverte de pointes & d'épines courtes & épaisses par le bas, hautes & fines par le haut. Probablement que ces pointes noires s'étant rompues, étoient restées dans la chair, & y avoient causé cette espèce de venin, qui, à proprement parler, n'en est point. L'huile de scorpion a toujours passé à Surinam pour un remède certain contre les piqûres de chenilles & d'insectes. Mlle. de Mérian a représenté la première de ces chenilles, avec ses métamorphoses, dans la 26e. planche de ses Insectes de Surinam ; & la seconde, dans la 63e. planche.

On lit, dans le dictionnaire économique, une description très-détaillée du cacaotier, qui nous a paru mériter d'être rapportée dans cette dissertation, pour mieux faire connoître cet arbre à nos lecteurs. On trouve, dans la plupart des terres situées entre les Tropiques, des forêts entières de cacaoyers ou cacaotiers, qui sont en général grands, gros & extrêmement branchus. Ceux qu'on cultive sont moins hauts, parce qu'on les assujetit.

Le cacaoyer pique dans la terre, par un pivot qui s'étend à une profondeur considérable. A l'origine de ce pivot, sont des racines fibreuses ; qui rampent près de la superficie de la terre : l'écorce du tronc & des branches est plus ou moins brune, suivant l'âge des arbres, mince, passablement unie, & assez adhérente au bois, qui est léger, blanchâtre, poreux, souple, & dont toutes les fibres sont bien droites. En quelque

que saison que l'on coupe ou taille le cacaoyer, on le trouve abondant en séve ; & , lorsqu'il y en a peu , l'arbre est sur son déclin.

Les feuilles naissent une à une , dans l'ordre alterne , sur un même plant. D'abord rousses & fort tendres , elles deviennent plus dures & d'un verd plus ou moins gai , à mesure qu'elles vieillissent ; cependant le dessus est toujours plus foncé que le dessous : elles sont pendantes , entières , sans dentelures , lisses , terminées en pointes aiguës , peu différentes des feuilles du citronnier , divisées , sur leur longueur , en deux parties égales , par une forte nervure , d'où sortent , de part & d'autre , des fibres obliques assez sensibles. Le volume de ces feuilles varie suivant le dégré de vigueur des arbres ; tantôt elles ont plus de vingt pouces de long , sur environ six de large à leur partie moyenne ; tantôt elles n'en ont que neuf sur quatre ; & d'autres ont des proportions relatives à l'un de ces deux extrêmes. Le pédicule qui les soutient peut avoir une bonne ligne de diamètre , environ un pouce & demi de longueur , & est renflé par les deux bouts. Les feuilles ne tombent que successivement , & à mesure que d'autres les remplacent. L'arbre ne paroît jamais dépouillé.

Les fleurs sont très-petites & sans odeur ; elles naissent par bouquets , depuis le pied de l'arbre jusques vers le tiers des grosses branches. Celles du tronc sortent des endroits où subsistent les vestiges de l'articulation des feuilles que l'arbre a produites. Dans sa jeunesse chaque fleur est portée par un péduncule foible , long de sept à huit lignes , garni de poils très-courts. Le bouton est à peu près fait en cœur , pâle , à cinq

pans , haut d'environ trois lignes , fur deux tout
au plus de diamètre. Quand la fleur eſt épanouie
on apperçoit un calice compoſé de cinq pièces
étroites , terminées en pointes aiguës , creuſées
en cuilleron , tantôt d'un blanc de jaſmin dans
leur totalité ; tantôt pâles au-dehors , & intérieurement lavées de couleur de chair. Ce calice
peut avoir quatre lignes de haut , & chaque pièce
environ deux lignes de diamètre dans ſa plus
grande largeur : les pétales ſont au nombre de
cinq , diſpoſés en roſe , compoſés pour ainſi dire
de deux parties , dont la première , attachée à
la baſe du piſtil , eſt creuſée en forme de caſque
ou de nacelle , d'un blanc ſale en-dedans & au-
dehors, mais intérieurement coupée de bas en haut
par trois lignes purpurines , qui s'élèvent juſques
vers les deux tiers de ſa hauteur. A l'extrémité
ſupérieure & poſtérieure de ce caſque commence
l'autre partie du pétale , qui repréſente une
eſpèce de ſpatule , preſque faite en cœur, ſelon
le P. Plumier , fort étroite , mais qui s'élargit à
meſure qu'elle deſcend le long de la partie poſtérieure de la nacelle , vers le milieu de laquelle
elle ſe jette horizontalement en-dehors. Cette
ſeconde partie du pétale eſt d'un jaune pâle.
Le contour du calice eſt occupé par le piſtil ,
formé d'un embryon à peu près ovale , & d'un
ſtil blanc très-menu. La baſe du piſtil eſt environnée de cinq filets droits , bruns , longs d'environ quatre lignes , aſſez gros à leur origine , &
terminés en pointes. De cette même baſe ſortent
pareillement quatre étamines , qui ſont des filets
plus petits , leſquels ſe jettent, en forme d'arc ,
avec leurs ſommets , dans la concavité de la
première partie de chaque pétale : l'embryon

devient, dans l'efpace de quatre mois, un fruit plus ou moins long, nommé *cabofse* en quelques endroits, fait en concombre, communément long de fix à fept pouces, fur trois de diamètre, prefque toujours profondément fillonné fur toute fa longueur en neuf ou dix endroits, parfemé de verrues, terminé à fa partie inférieure par une pointe courbe, & fufpendu par le péduncule de la fleur, qui eft tant foit peu alongé, & qui a acquis la groffeur d'une de ces plumes d'oie, dont on fe fert communément pour écrire. Tantôt ce fruit eft d'abord très-verd, il pâlit enfuite, puis jaunit en mûriffant; tantôt il commence par être d'un rouge vineux & foncé, principalement fur les côtes qui dominent les fillons, & devient par dégrés plus pâle & plus clair; tantôt, après un mêlange confus de rouge & de jaune, les teintes fe décidant, forment un rouge pâle, varié de jaune foncé. D'autres fois les nuances de verd & de blanc, les teintes fe décidant, forment un rouge pâle varié de jaune foncé; d'autres fois les nuances de verd & de blanc, qui produifent par gradation une forte de jaune, fe terminent, dans le tems de la maturité, par un rouge foncé, mais parfemé de petits points jaunâtres. Ces couleurs ne pénètrent pas beaucoup dans l'écorce du fruit. Cette écorce, que l'on nomme *coffe* dans les îles, eft épaiffe de trois à fix lignes, fuivant la groffeur des fruits & l'âge de l'arbre: elle renferme, dans l'épaiffeur de près d'un pouce, une fubftance pulpeufe, d'abord ferme, blanche & un peu teinte de rouge; enfuite prenant une confiftance plus légère, cette pulpe femble être un duvet fort blanc, accompagné d'un mucilage plus ou moins abondant ; qui a une saveur acidule, approchant de celle des pepins de grenade ; au milieu font les femences, tantôt affez reffemblantes aux féves de marais, tantôt moins grandes, moins applaties, à peu près de la même forme que les feuilles de l'arbre, plus groffes par l'extrémité qui tient au *placenta*. Ce *placenta* paroît être produit par le péduncule qui, fe prolongeant, forme un axe auquel répondent des colonnes, fur lefquelles font rangées les femences par étage. Le nombre de ces femences varie beaucoup, de vingt à quarante. Leur parenchyme eft blanc, quelquefois un peu teint de rouge, compact, charnu, mollet, liffe, très-chargé d'huile, amer, d'un goût ftyptique, affez pefant relativement à fon volume, très-friable entre les doigts, & formé de deux lobes repliés l'un dans l'autre, au milieu defquels eft le germe placé à leur gros bout. La pellicule de ces amandes eft liffe, très-mince, & de même couleur que le parenchyme ; mais en féchant elle devient d'un rouge brun : ce font les amandes qui fervent à faire le chocolat.

Les auteurs qui ont écrit fur le Chocolat, font M. de Caylus, qui a fourni des mémoires à M. Mahadul pour la rédaction de fon *Hiftoire naturelle du cacao*, imprimée à Paris en 1719 ; le P. Labat, dans fon *Voyage aux îles de l'Amérique* ; Dampier ; M. Artur, Médecin du Roi, à Cayenne, dans un mémoire inféré dans le premier volume du *Dictionnaire économique*, feconde édition, d'où nous avons tiré les defcriptions ci-deffus: Miller, dans fon *Dictionnaire du Jardinier*, traduit par M. le Préfident Chazelle, dont il paroît déja trois volumes in-4°; l'Abbé Rofier, dans fon *Cours d'Agri-culture*, qui s'eft fervi du mémoire de M. Ar-tur; M. Sonnerat, dans fon *Voyage à la Nou-velle-Guinée*; M. Sloane, dans fon *Hiftoire de la Jamaïque*; M. Navier, Médecin de Châlons-fur-Marne, & d'autres. Nous allons actuelle-ment rapporter la culture du cacaotier, tant dans nos îles qu'en Europe. Nous tirerons celle de nos îles du mémoire de M. Artur; & celle d'Euro-pe, du Dictionnaire du Jardinier, par Miller. On nomme *cacaoyère*, ou *cacaotière*, un plant ou verger de cacao. Ces arbres demandent une terre qui ait du fond, qui foit plus forte que légère, fraîche, bien arrofée, mais non pas noyée. Ils réuffiffent mal dans une terre argi-leufe : le fol qui leur convient le mieux, eft une terre noire ou rougeâtre, alliée d'un quart ou d'un tiers de fable, avec quantité de gravier. Dans les terreins plus forts & plus humides, le cacao devient grand & vigoureux, mais il rap-porte moins, les fleurs y étant fort fujettes à couler, à caufe du froid & des pluies fréquentes.

On eft affez dans l'ufage de défricher les ter-reins pour y établir de cacaoyers. Quand on prend les terres qui ne font que repofées, ces arbres durent peu, & ne rapportent communé-ment que des fruits médiocres, & en petite quantité.

Miller indique les ravines formées par les eaux, comme étant des emplacemens favorables, d'ailleurs les arbres y trouvent un abri naturel; que l'on eft obligé de leur procurer par l'art dans d'autres pofitions : cependant il y a lieu de douter que les ravines puiffent les garantir du vent, qui leur eft très-préjudiciable. D'ail-

leurs les cacaoyers pourroient être trop ferrés
dans ces endroits : ces arbres délicats ont befoin
d'une certaine étendue d'air qui les environne.

Trop ou trop peu d'air, les vents & l'ardeur
du foleil, peuvent beaucoup nuire aux cacaos.
On tâche de prévenir ces inconvéniens par la
difpofition du terrein. L'étendue que l'on a trouvé être avantageufe à une cacaoyère, eft d'environ à peu près cent toifes. Si le terrein eft
plus grand, on le divife en plufieurs carrés ré-
duits à cette proportion, & chaque carré doit
être environné de bonnes haies.

Si la cacaoyère n'eft pas au milieu d'un bois,
ou que dans ce bois même elle foit découverte
par quelque endroit, on l'abrite par de grands
arbres capables de réfifter à l'impétuofité des
vents. Ces lifières peuvent être formées de grands
arbres; mais on a lieu de craindre, que, dans
les cas où un ouragan les abattroit, leur chûte
ne fît périr beaucoup de cacaotiers; c'eft pourquoi il eft peut-être préférable de planter au-dehors de la cacaoyère, plufieurs rangs de citron-
niers, de corofoliers ou de bois immortels, qui,
étant plus flexibles, diminuent la force du vent,
ou dont la chûte ne peut faire grand tort aux
arbres voifins. D'autres couvrent encore les lifières mêmes avec quelques rangs de banan-
niers ou de bacoviers, qui font les figuiers des
fles, arbres qui croiffent fort vîte, garniffent
beaucoup, forment un très-bon abri, & donnent des fruits excellens.

M. l'Abbé Rofier, dans fon Cours d'Agri-
culture, ajoute aux moyens indiqués, la plantation du bambou. Ce rofeau croît fort vîte,
s'élève très-haut, fournit beaucoup; & c'eft par

son secours, que les Hollandois, au cap de Bonne - Espérance, garnissent leurs plantations. Ses feuilles sont très-utiles pour les animaux, ainsi qu'il en sera fait mention dans notre dissertation sur le bambou ; & les nègres sont friands de sa moëlle spongieuse. Il croît dans l'Inde & dans l'Afrique ; &, en 1759, l'escadre de M. de Bompart le transporta dans les îles du vent de l'Amérique, où il a prodigieusement multiplié. Il se reproduit par bouture, chaque nœud portant le germe de la racine & des jets. Plus il fait chaud, plus sa végétation est étonnante : chaque brin, gros comme le bras ou la jambe, s'élève, dans l'espace de quelques mois, de quarante ou cinquante pieds de hauteur. Lorsque les souches sont suffisamment espacées, elles peuvent produire jusqu'à cent jets & plus.

Pour défricher un terrein, on brûle les plantes & les arbustes qui ont été arrachés, ainsi que les arbres abattus ; puis on laboure à la houe, le plus profondément qu'il est possible : on ôte toutes les racines que l'on rencontre, & on applanit la surface.

Le terrein étant préparé, on prend les alignemens avec un cordeau, divisé par nœuds, à côté de chacun desquels on plante un piquet ; en sorte que tout l'ensemble forme un quinconce.

On garnit la cacaoyère, soit en graine soit en plant : le cacao se multiplie même par bouture à Cayenne ; mais le succès en est beaucoup moins certain. Lorsque le terrein est déja fatigué, ou qu'il est rempli de fourmis & de criquets, &c., on préfère d'y mettre du plant. Ce plant doit être un peu fort, afin que les insectes l'endommagent moins.

Tandis qu'on abat les arbres du terrein où l'on veut planter le cacao, on fait, le plus près qu'il eſt poſſible, une pépinière, qui, n'occupant qu'un petit eſpace, peut être facilement garantie des animaux nuiſibles. On doit choiſir cette pépinière dans un endroit voiſin de quelque rivière ou d'un marécage, afin de pouvoir l'arroſer ſans peine, car on la commence en été. On y met les graines à ſix pouces les unes des autres, quelques mois après; c'eſt-à-dire, vers le commencement de l'hiver; dès que les premières pluies ont humecté la terre à une certaine profondeur, on coupe la terre tout autour, à trois pouces de chaque arbre, que l'on tranſporte, ainſi dans des paniers à l'endroit qu'on lui a deſtiné. L'arbre peut avoir alors la groſſeur du petit doigt, & deux ou trois pieds de hauteur. Avant de le planter, on rogne ſon pivot, s'il excède la motte; ſans cela il ſe courberoit, & feroit périr l'arbre.

Dans les endroits où la terre n'a pas aſſez de corps pour pouvoir s'enlever ainſi que l'arbre, on élève les graines dans de petits mannequins remplis de terre, & plus profonds que larges; enſuite on tranſporte ces mannequins dans les trous de la cacaoyère. L'uſage des mannequins a néanmoins quelques incommodités. Comme ils ne contiennent qu'une petite quantité de terre, la chaleur la pénètre & la deſſéche, ce qui fait que la graine ne ſe développe pas ſitôt ni ſi bien qu'en pleine terre. On pourroit les tenir plongés dans d'autre terre, mais ils périroient promptement. Une autre incommodité de ces mannequins ou *caurcauroux*, eſt que ſi on tarde un peu à les tranſplanter, les

racines en fortent , & , alors cet excédent, privé
de nourriture, demeure expofé à la chaleur de
l'air & s'y defsèche.

Les graines du cacao ne peuvent bien réuffir,
que dans des terreins abfolument neufs, parce
qu'ils fourniffent beaucoup moins d'herbe, &
que la violence & la durée du feu qui a con-
fumé les arbres, a en même tems diffipé les
fourmis, les criquets, &c. Ils font du moins
plus rares dans la première année. Pour planter
la graine, on choifit un tems de pluie, ou ac-
tuelle, ou prochaine. On cueille des coffes mûres, & on en tire la graine, pour la mettre
auffi-tôt en terre. Cette opération fe fait, ou à
la fin de juin, ou à la fin de décembre. On
met deux ou trois amandes à quelques pouces
les unes des autres, autour de chaque piquet,
à deux ou quatre pouces de profondeur, ce
qui fe fait aifément avec le piquet même, quand
la terre eft nouvellement labourée, finon l'on
remue légèrement la terre avec une efpèce de
houlette; on coule chaque amande dans fon
trou, le gros bout en bas, & on la couvre d'un
peu de terre. Comme il en manque toujours plus
ou moins, les furnuméraires de celles qui ont
bien levé enfemble dans un même bouquet,
peuvent fervir à regarnir les places vides, ou
être plantées ailleurs.

On ne fait guères le choix des brins qui doivent refter en place, que lorfqu'ils ont quinze
à vingt-quatre pouces de haut. Ceux que l'on
retranche doivent être levés avec dextérité,
pour n'offenfer ni leurs racines, ni celles des arbres dont on les fépare, & même ne déranger
aucune de celles-ci, parce que le cacaoyer eft

extrêmement délicat. On les replante auffi-tôt, avec la précaution de ne laiſſer aucune racine dans une poſition qui les oblige à ſe courber. Il eſt plus avantageux de mettre dans les quinze jours de nouvelles graines à la place de celles qui ont péri, ou pour ſuppléer aux pieds languiſſans.

La diſtance qu'il convient de laiſſer entre chaque arbre, n'eſt point encore déterminée. On plante de cinq à douze ou quinze pieds, ſur tout lorſqu'on plante dans les endroits montueux. Ceux qui les mettent près les uns des autres, obſervent que les cacaoyers, tenus de cette manière dans nos îles, donnent beaucoup plus de fruit qu'on n'en recueille dans la terre ferme, où les arbres, plus éloignés, emploient une plus grande partie de leur féve à ſe fortifier eux-mêmes; en ſorte qu'ils n'ont ſur ceux des îles, que l'avantage de la hauteur & de la groſſeur. Il eſt conſtant que les arbres, plantés près à près, couvrent plutôt les terreins; & qu'eſpacés à huit pieds, chacun d'eux peut faire une ombre de plus de trente pieds de circonférence. En trois ou quatre ans les herbes ceſſent d'y croître; le travail ſe réduit à ôter les guys; à détruire les inſectes; au moyen de quoi, ſans multiplier les bras, on peut replanter ailleurs une aſſez grande quantité d'arbres, & augmenter par progreſſion, dans peu d'années, le nombre de ſes cacaoyères. Plus les arbres ſont éloignés les uns des autres, plus l'on eſt long-tems aſſujeti à ſarcler & à nettoyer le terrein; ainſi en plantant près à près, on peut avoir vingt-quatre mille pieds d'arbres rapportans; au lieu que d'autres, avec les mêmes forces & dans un terrein également bon, n'en auront que huit mille.

Les arbres, qui ne tardent pas à se toucher & à entrelacer leurs branches, semblent être plus en état de se soutenir mutuellement pour résister au vent. Leur abri réciproque fait que la pluie en détruit moins de fleurs, & qu'ils rapportent plutôt. Enfin, dans le cas où quelques-uns viennent à périr, le vide est moins sensible. Au contraire lorsqu'ils sont à douze ou quinze pieds de distance, un ou deux arbres qui périssent, forment un grand vide, que les branches voisines ne rempliront presque jamais, & qui laissent, pendant plusieurs années, beaucoup d'autres exposés à toute l'action du vent.

On a dit que l'ardeur du soleil pouvoit nuire aux cacaoyers, sur-tout dans les terres argileuses, & dans celles où le sable domine. On a vu ci-devant qu'une cacaoyère ne peut pas bien réussir à cause de la qualité du sol, dans un terrein argileux, parce que les racines ne peuvent pas pivoter. Pour ce qui est des terres sèches & légères, le jeune plant y souffre beaucoup du soleil, si on ne met à ses côtés deux rangées de manioc, à un pied & demi des cacaoyers; ce que l'on fait en même tems que l'on plante le cacao, soit un mois ou six semaines plutôt. Cette dernière méthode fait que le cacao se trouve abrité en levant, & que les mauvaises herbes n'ont pas le tems de prendre le dessus. C'est ici le cas d'employer le bambou, & de le substituer au manioc. L'autre pratique exige de sarcler souvent, jusqu'à ce que le manioc soit assez fort pour étouffer les herbes. Au bout de quinze mois, lorsqu'on fait la récolte du manioc, on en replante d'autres sur une rangée, seulement au milieu de chaque allée, & on garnit le reste du terrein en melons d'eau, concombres, giraumons, ignames, patates, choux caraïbes. Toutes ces plantes couvrent la furface, empêchent la production des herbes, & fourniffent en même tems de quoi nourrir les nègres : il eft à propos de détourner ces plantes, lorfqu'elles approchent des cacaoyers. Quelques cultivateurs ménagent des rigoles dans la cacaoyère, pour arrofer le pied du jeune plant durant la faifon, jufqu'à ce que fon pivot foit parvenu à une profondeur où il trouve une humidité habituelle. Le vent eft bien plus dangereux pour les cacaoyers que le foleil. On a déja parlé des abris que l'on forme foigneufement autour du terrein, avec les arbres, il eft encore à propos d'en planter d'autres parmi les cacaoyers. Les plus convenables font les *bananiers* & les *bacoviers* ; arbres, d'ailleurs très-utiles, mais trop négligés. Ils font à peu près de la hauteur des cacaoyers, & acquièrent toute leur perfeétion en douze ou quinze mois. Le tronc a environ quinze à dix-huit pouces de circonférence, & n'eft compofé que des côtes des premières feuilles, qui fe couvrent les unes les autres, comme les écailles de poiffon. Les feuilles, qui forment un affez gros bouquet à la cime de l'arbre, ont cinq à fix pieds de long, fur une largeur proportionnée. Ces arbres donnent quantité de rejets, qui atteignent bientôt la hauteur & la groffeur des arbres mêmes, & qui, tous enfemble, font une maffe de quinze à vingt pieds de tour ; enfin, ils font toujours très-aqueux, & tiennent toujours la terre fraîche & humide ; ce qui convient très-fort au cacaoyer : il eft vrai que ces arbres ne rapportent qu'une feule fois, & qu'ils périffent dès que le fruit eft coupé ; mais on peut dire qu'ils ne meurent point, les rejets les remplaçant toujours avec avantage, & donnant des fruits au bout de huit mois : tout cela dédommage amplement des frais de la cacaoyère.

On peut donc environner les carrés par une ou deux rangées de ces arbres, plantés à cinq ou fix pieds l'un de l'autre, & en former d'autres rangées dans la pièce.

Il y a des endroits, où l'on met du maïs, du manioc & des cotonniers, parmi les cacaoyers, pour les abriter du vent : mais ces plantes font affez long-tems à acquérir une certaine hauteur, qui n'eft jamais fort confidérable. Le maïs & le manioc, qu'il faut cueillir au bout de quelques mois, laiffent alors les cacaoyers fans abri : le manioc fert à prévenir le mal que les cacaoyers reçoivent des fourmis ; elles préfèrent cette plante.

La graine de cacao eft ordinairement de fept à douze jours en terre, avant de lever. Ses progrès varient beaucoup, felon les terreins. A mefure que le jeune arbre grandit, le bouton, qui avoit conftamment terminé la tige, fe partage en plufieurs branches, dont le nombre eft communément de cinq, & c'eft ce qu'on appelle *la couronne de l'arbre*. S'il y a moins de branches, on croît devoir l'étêter, pour donner lieu à la formation d'une nouvelle couronne, meilleure que la première. On coupe les branches qui excèdent ce nombre, comme pouvant faire prendre à l'arbre une forme défectueufe. Ces branches produifent une multitude de rameaux & s'étendent horizontalement. Le tronc continue de croître & de groffir, & les feuilles ne viennent plus que fur les branches.

Les cacaoyers ne font pas plutôt couronnés, que de tems en tems, ils pouffent un peu au-deffous de leur couronne, de nouveaux jets, appellés *réjetons*. Si on abandonne ces arbres, fans les gêner dans leurs productions, ces rejetons forment bientôt une feconde couronne, fur laquelle naît enfuite un nouveau rejeton, d'où il en fort une troifième, &c., au moyen de quoi la première couronne eft prefque anéantie. L'arbre s'effile, en s'élevant confidérablement, & toutes fes branches s'étendent à droite & à gauche; en forte que l'arbre paroît comme un gros buiffon, fans tronc. Ceux qui cultivent le cacao préviennent ces productions, nuifibles aux récoltes du fruit, en rejetonnant, c'eft-à-dire châtrant tous les rejetons, lorfqu'ils farclent, ou dans le tems de la récolte.

On arrête le cacaoyer à une hauteur médiocre, non feulement pour avoir plus de facilité à recueillir, mais encore pour qu'il foit moins tourmenté des vents : cette hauteur varie felon les endroits.

L'âge auquel il commence à fleurir & à donner des fruits n'eft pas fixe; c'eft ordinairement après dix-huit mois ou deux ans. Ceux qui font plantés, en donnent quatre ou cinq mois plutôt; ils font couverts de fleurs & de fruits pendant toute l'année; cependant on en fait deux récoltes principales : une en décembre, janvier & février; l'autre pendant les mois de mai, juin & juillet. On eftime fur-tout la récolte d'hiver; cependant l'humidité de la faifon doit rendre les fruits plus difficiles à fécher & à fe conferver : le fruit eft environ quatre mois à fe former & à mûrir. Le figne de maturité eft, lorfque le fond des sillons a entiérement changé de couleur, & que le petit bouton d'en bas du fruit est la seule chose qui paroisse verte; on cueille pour lors le fruit.

Pour faire la récolte, on met un nègre à chaque rangée, pour abattre les fruits; mais, avec une fourche de bois, on les arrache à la main: tantôt le même nègre les met à mesure dans un panier; tantôt ce panier est entre les mains d'un autre, qui le suit, & qui va vider le panier au bout de la file.

Tout étant ramassé & mis par piles, on casse les cosses sur le lieu même, au bout de trois à quatre jours: on dégage les amandes d'avec le mucilage & tout ce qui les environne, & on les porte à la maison. Les cosses, en demeurant dans la cacaoyère, s'y pourissent, & peuvent ensuite servir d'amendement; mais on doit prendre garde qu'il ne s'y amasse pas d'insectes. On feroit grand tort aux plantes, près desquelles on les charieroit. Les feuilles des cacaoyers amendent pareillement la terre, soit lorsqu'on les enfouit par les labours, soit que, demeurant éparses à sa superficie, elles concentrent l'humidité.

Aussi-tôt que les amandes sont arrivées à la maison, on les entasse dans des paniers, ou dans de grandes auges de bois, & à quelque distance de la terre; on les y laisse suer pendant quatre ou cinq jours, plus ou moins, bien couvertes de feuilles de balisier ou de bananier, ou avec quelques nattes assujeties avec des planches ou des pierres: on les y retourne soir & matin. Durant cette fermentation elles deviennent d'un rouge obscur. Après ce tems, on les expose, pendant quelques heures, à un soleil vif & ardent, fur des claies ou dans des caiſſes plates, dont le fond eſt à jour, afin de diſſiper un reſte d'humidité qui pourroit les gâter : on les y remue & retourne fréquemment ; enſuite on achève de les faire fécher à un ſoleil plus modéré, ayant ſoin de les mettre à couvert pendant la nuit, & lorſque le tems eſt humide ou pluvieux. Quand les amandes ſont bien sèches, on les garde dans des futailles, dans des ſacs ou au grenier, juſqu'à ce qu'on ait l'occaſion de les vendre. M. Artur approuve beaucoup, qu'avant de les ſerrer on les mette tremper une demi-journée dans l'eau de mer, & qu'on les faſſe fécher une feconde fois.

Une cacaoyère bien tenue produit conſidérablement. Les plantes qui ſervent à la garantir d'accidens, rembourſent les frais de ſa plantation & de ſa culture. Ces frais ſe réduiſent à la nourriture de quelques nègres, qui peuvent preſque vivre avec les productions deſtinées principalement à favoriſer & conſerver les cacaoyers. Les amandes de cacao ſont donc un gain bien réel. En évaluant le produit de chaque arbre à deux livres d'amandes sèches, & leur vente à 7 ſols 6 deniers par livre, on retire 15 ſols de chaque arbre. Vingt nègres peuvent entretenir cinquante mille cacaoyers.

Pour maintenir les cacaoyers en bon état, pendant 20 ou 30 années, il faut avoir ſoin de leur donner deux façons tous les ans, après la première récolte d'été, un peu avant la ſaiſon des pluies ; ſavoir, 1°. de les rechauffer de terre chaude, après avoir bien labouré tout autour : cela empêche que les petites racines ne prennent l'air & ne ſe deſsèchent. 2°. La feconde opéra-

tion

tion eſt de tailler le bout des branches quand il eſt ſec, & de couper, tout près de l'arbre, celles qui ſont beaucoup endommagées; mais il ne faut point penſer à raccourcir les branches vigoureuſes, ni faire de grandes plaies. Comme ces arbres abondent en ſucs laiteux & glutineux, il ſe feroit un épanchement qu'on auroit bien de la peine à arrêter, & qui les affoibliroit beaucoup.

Les cacaoyers ont pour ennemis, les hannetons, les ravets, diverſes ſortes de fourmis, des eſpèces de ſauterelles nommées *criquets*. Les criquets mangent les feuilles, & par préférence les bourgeons, ce qui fait périr l'arbre, ou du moins le retarde de beaucoup. Juſqu'à préſent, on n'a point connu d'autres moyens de s'en garantir, que de les faire chercher ſoigneuſement, pour en détruire le plus qu'il eſt poſſible.

Les fourmis blanches, nommées à Cayenne poux de bois, font un grand dégât, & les fourmis rouges encore plus; en une ſeule nuit elles ont quelquefois ravagé de vaſtes plantations; elles s'attachent principalement aux jeunes arbres. On les détruit en jettant quelques pincées de ſublimé corroſif dans leur nid ou ſur leur route; celles que le ſublimé touche, périſſent en peu de tems & portent encore la contagion & la mort parmi les autres, en ſe mêlant avec elles dans leurs nids.

Quant aux fourmis rouges, un moyen de les détruire eſt de fouiller la terre, & de jeter quelques pots d'eau bouillante dans les fourmillières que l'on rencontre.

M. l'Abbé Roſier, dans ſon Cours d'Agriculture, donne un autre moyen. Après avoir dé-

H

couvert le nid des fourmis, il faut, dit-il, couvrir avec un peu d'huile la furface du terrein criblé de trous ; mais auparavant il faut la mouiller légèrement, afin que, fi la terre eft sèche, elle n'abforbe pas l'huile & tous les infectes quelconques, couverts d'huile, périffent : comme ils ont tous l'ouverture de leur poumon, ou trachée artère, fur le dos, près du corcelet, cette huile bouche la trachée ; l'animal ne peut plus refpirer, & périt.

On cultive quelquefois les cacaoyers en Europe, par pure curiofité ; il faut pour cela que les noix foient plantées dans l'Amérique même, auffi-tôt qu'elles font recueillies, dans des caiffes pleines de terre, parce que fans cela leurs germes périroient avant d'arriver. On tient les caiffes à l'ombre, & on les arrofe fréquemment, afin d'avancer la végétation. Quinze jours après, elles commencent à pouffer hors de terre : on les arrofera pour lors pendant la féchereffe, & on les placera à l'abri des rayons du foleil, qui font d'autant plus de tort à ces plantes, qu'elles font plus jeunes. On arrache avec foin toutes les mauvaifes herbes qui pourroient les étouffer. Lorfque ces jeunes plantes font devenues affez fortes pour pouvoir être tranfplantées, on les embarque dans le navire, & on les place à l'abri de vents forts, de l'eau falée & de la grande chaleur du foleil. Pendant la traverfée, on les arrofe fouvent cependant peu à la fois, mais fi on traverfe un climat froid, il faut avoir la précaution de les abriter autant qu'il eft poffible, on ne les arrofera même plus qu'une fois par femaine.

Les jeunes arbres, arrivés une fois à leur

deſtination, on les tire avec ſoin des caiſſes ; on les tranſplante ſéparément dans des pots remplis de terreau : on enfonce ces pots dans une couche de tan , de chaleur tempérée : on en couvre les vitrages pendant la chaleur du jour , pour les abriter des rayons du ſoleil , & on les arroſe ſouvent & modérément : on laiſſe ces pots dans la couche , juſqu'à la Saint-Michel , on les tranſporte pour lors dans la ſerre chaude , & on les enfonce dans l'endroit le plus chaud de la couche de tan. Pendant l'hiver , on les arroſe fréquemment , mais toujours modérément. En été on les arroſe plus ſouvent ; mais , comme les cacaoyers ne peuvent ſubſiſter en plein air dans nos climats , même pendant la ſaiſon la plus chaude de l'année , il faut les garder conſtamment dans la ſerre chaude , en lui donnant néanmoins beaucoup d'air pendant l'été , & beaucoup de chaleur pendant l'hiver. A meſure que les jeunes plantes grandiſſent , on les met dans de plus gros pots , ſans déchirer ni froiſſer leurs racines ; car il n'en faut pas ſouvent davantage pour les faire périr ; il faut auſſi éviter de les mettre dans des pots trop grands : on aura auſſi ſoin de laver & de nettoyer exactement les feuilles , qui ſont ſujettes à ſe charger d'ordures , occaſionnées par de petits inſectes qui s'y raſſemblent. En ſuivant exactement toutes ces précautions , on parviendra à conſerver cet arbre & à le faire fleurir en France , mais il aura de la peine à y donner du fruit.

Le principal objet pour lequel on cultive les cacaoyers , eſt la grande conſommation des amandes , pour faire du chocolat , liqueur nourriſſante & gracieuſe.

Les Américains, avant l'arrivée des Espagnols, faisoient une liqueur avec le cacao, délayé dans de l'eau chaude, assaisonné avec le piment, coloré par le rocou, & mêlé avec une bouillie de maïs, pour en augmenter le volume : tout cela joint ensemble donnoit à cette composition un air si brun, & un goût si sauvage, qu'un soldat Espagnol disoit, qu'il n'auroit jamais pu s'y accoutumer, si le manque de vin ne l'avoit contraint à se faire cette violence, pour n'être pas toujours obligé à boire de l'eau pure : ils appeloient cette liqueur *chocolat*, & nous en avons conservé le nom à la pâte que nous faisons avec le cacao.

Pour la faire, on dépouille les amandes du cacao de leur écorce par le feu ; on les pèle, on les rôtit dans un mortier bien chaud, & on en forme une pâte, qu'on mêle avec presque poids égal de sucre. Le chocolat, ainsi préparé, s'appelle *chocolat de santé*. Quelques personnes prétendent qu'il est bon d'y mêler une légère quantité de vanille, qui en facilite la digestion, par sa vertu stomachique & cordiale. Lorsqu'on veut un chocolat qui flatte plus agréablement les sens, on y ajoute une poudre très-fine, faite avec des gousses de vanille & des bâtons de cannelle pilés & tamisés : on broie le tout de nouveau, & on le met en tablettes ou en moules : ceux qui aiment les odeurs, y ajoutent un peu d'essence d'ambre. Lorsque le chocolat se fait sans vanille, la dose de la cannelle est de deux gros par livre de cacao ; mais lorsqu'on emploie la vanille, il faut diminuer au moins la moitié de cette dose de cannelle. A l'égard de la vanille, on en met deux ou trois gousses dans une livre de cacao. Quelques fabricans de chocolat y ajoutent du poivre & du gingembre; mais les gens sages doivent être attentifs à n'en point user, qu'ils n'en sachent la composition.

Dans notre Journal, de la *Nature considérée*, *1778*, nous avons rapporté une nouvelle manière de composer le chocolat, qu'on dit de beaucoup préférable pour les personnes délicates.

1°. On ne fait point brûler le cacao, mais on le fait tremper dans de l'eau bouillante, qu'on change plusieurs fois, jusqu'à ce qu'on puisse dépouiller la fève. 2°. On lave le cacao avec de l'eau froide, lorsqu'il est bien épluché. 3°. On met, sur quatre livres de cacao, une demi-livre d'amandes douces, dépouillées de leurs enveloppes. 4°. On fait mettre ce mélange au four, ensuite on le pile avec soin. 5°. On met sur ce mélange quatre livres de belle cassonade, & l'on broie le tout; on y ajoute ensuite deux clous de girofle & deux gros de cannelle en poudre.

Marie-Thérèse d'Autriche, épouse de Louis XIV, a introduit la première en France, l'usage du chocolat.

Dans nos îles Françoises, on fait des pains de cacao, pur & sans addition. Lorsqu'on veut prendre du chocolat, on réduit les tablettes en poudre, & l'on y ajoute plus ou moins de cannelle, de sucre en poudre & de fleurs d'orange: le chocolat, ainsi préparé, est d'un parfum exquis & d'une grande délicatesse. Quoique la vanille soit très-commune aux îles, on ne s'en sert pas pour le chocolat.

Les amandes de cacao fournissent encore une huile par expression, qui s'épaissit naturellement,

& reçoit le nom de beurre : on s'en fert à Cayenne pour la cufine. Le P. Labat veut que les amandes pilées foient jetées dans une grande quantité d'eau bouillante, afin que leur huile furnageant foit plus facile à recueillir : enfuite, lorfqu'il ne s'en élève plus à la furface de l'eau, on exprime fortement le marc, en l'arrofant encore d'eau bouillante. Cette méthode ne convient qu'à l'Amérique, où les amandes récentes abondent en huile ; mais, comme elles arrivent sèches en Europe, & conféquemment privées d'une portion confidérable de leur humidité, on eft obligé de les torréfier avant de les piler ; &, quand elles ont bouilli à grande eau, pendant une demi-heure, on paffe le tout, encore bien chaud, & on l'exprime avec force : l'huile fe raffemble à la furface de la liqueur ; fi elle n'eft pas fuffifamment pure, on la fait paffer dans plufieurs eaux chaudes ; l'huile fe fige par le refroidiffement.

L'huile de cacao fe conferve très-longtems, fans devenir rance ; elle n'a point d'odeur, eft affez blanche & d'une faveur agréable ; auffi la préfère t-on, pour les médicamens internes, au blanc de baleine ; elle eft très-pectorale ; elle entre dans l'opiat antiphthyfique de Marquet : on peut auffi l'employer aux mêmes ufages que l'huile d'olive. La douleur des hémorroïdes ceffe quelquefois promptement, quand on y applique du coton imbibé de cette huile. Les perfonnes qui y font fujettes, peuvent utilement faire ufage de ce remède, deux ou trois fois par mois, pour prévenir le retour des accès, & faire fluer doucement les hémorroïdes. Les Créoles Efpagnoles s'en fervent pour embellir leur peau, & en ôter les rougeurs & boutons.

On fait , avec les amandes de cacao préparées à peu près comme les noix de Rouen une confiture excellente , propre à fortifier l'eſtomac , ſans trop l'échauffer. Quant à la pulpe qui ſe trouve entre la coſſe & les amandes , on en bat le mucilage pour le réduire en crême qui , ſaupoudrée d'un peu de ſucre , & légèrement arroſée d'eau de fleurs d'orange , fournit un mets très-rafraîchiſſant. Cette crême , ſans ſucre , ni eau de fleurs d'orange , eſt employée , comme l'huile de cacao , avec un papier brouillard par deſſus , pour toutes les maladies de la peau. M. Artur rapporte que l'on fait quelquefois diſſoudre dans de l'eau l'eſpèce de duvet qui accompagne le mucilage , pour obtenir une liqueur douceâtre , qui s'aigrit facilement. Cette .acidité lui fait perdre une ſaveur dégoûtante , qu'elle a d'abord : mais ce n'eſt toujours qu'une boiſſon qui puiſſe convenir à des Nègres & à des Créoles.

Le chocolat n'eſt pas ſeulement alimenteux , mais il eſt encore médicamenteux : il convient , dans les maladies chroniques , en raiſon de ſes qualités réunies d'oléagineuſes , de balſamiques & de toniques. Il eſt également ſalutaire aux perſonnes qui ſont attaquées de ſcorbut , ou qui y ont des diſpoſitions. Sa faculté , douce & onctueuſe , en fait auſſi un excellent remède contre les âcretés & les fontes pituiteuſes catarrhales , qui irritent la gorge , ainſi que les parties ſupérieures de la trachée artère , qui excitent des toux violentes : on laiſſera , dans ce cas , fondre doucement dans la gorge , & de tems en tems , un peu de tablette de chocolat. Ce remède eſt aſſurément ſupérieur pour ces maladies , à toutes les tablettes de guimauve , & pour le moins auffi gracieux au goût : c'eft encore un aliment convenable pour toutes les perfonnes attaquées de ce pernicieux defféchement, qui conduit à la phthyfie & à la confomption. La propriété onctueufe, tempérante & inaltérable du chocolat, pris habituellement, à plufieurs fois par jour, peut tenir lieu, à ces fortes de maladies, du meilleur remède qu'on puiffe leur procurer, furtout fi l'on y joint l'ufage des végétaux farineux, des nitreux, des aqueux, tels que les laitues, les épinars, les chicorées, les borraginées, les comcombres, & autres plantes de la même claffe, de même que les fruits bien choifis ; il n'eft pas douteux qu'il fe trouve beaucoup de maladies qui paffent pour incurables, & dont on pourroit néanmoins parfaitement fe guérir, telles que font les fièvres hectiques, confomptives, fcorbutiques goutteufes, rhumatifmales, & autres de pareille nature, fi les malades pouvoient avoir la conftance de fe foumettre à un pareil régime, & de fe laiffer diriger en tout par un Médecin prudent & éclairé.

On peut encore tirer de grands avantages du chocolat, contre la phthyfie pulmonaire, ou contre toute autre, qui feroit occafionnée par la préfence d'un amas purulent dans quelques vifcères. La grande quantité des fucs oléagineux, muqueux, que le chocolat fournit au fang, ne peut en effet manquer de corriger l'âcreté purulente, dont il feroit imprégné au moins autant que cette humeur feptique en eft fufceptible. Nous ne connoiffons réellement aucun remède plus propre que celui-là pour envelopper & émouffer les âcretés quelconques, pour en réprimer les impreffions malfaifantes & deftruc-

tives, & empêcher l'action irritante que les sucs
dégénérés du sang ont coutume de faire, dans
de pareilles maladies. Les phthysiques trouvent,
dans l'usage d'un bon chocolat bien préparé,
un aliment médicamenteux, qu'en vain ils s'ef-
forceroient de chercher ailleurs. Si de pareils malades s'assujetissoient à ne prendre, pour nourriture, que du chocolat & des crêmes faites avec des
substances farineuses & adoucissantes, telles que
la semoule, le sagou, le vermicel, le gruau de
Bretagne, & autres de cette nature, il est certain
qu'il en guériroit beaucoup plus, par le secours
de pareils alimens, que par l'usage de quelque
lait que ce soit : en un mot, le chocolat bien préparé, est tout à la fois un excellent aliment,
& un très-bon remède stomachique, tant en raison de ses parties extractives connues, que des
sels savonneux, balsamiques, digestifs, dont il
est rempli : il est egalement pectoral, eu égard
à la quantité de sucs butyreux, doux & inal-
térables, qu'il contient : il a en outre une pro-
prieté singulière & bien précieuse, c'est de donner aux battemens du cœur & des artères, un
développement, qui rend le pouls ample, souple
& vigoureux, sans en accélérer les pulsations;
il a même cela de commun avec le quinquina.
On peut aussi très-bien le prescrire, comme fé-
brifuge, dans les fièvres intermittentes, & dans
d'autres fièvres, qui reconnoissent pour cause
l'épuisement, les langueurs, l'atonie, ou le défaut d'action des solides nerveux ; dans ce dernier cas, il opère avec énergie par son principe
huileux, fin, éthéré, rempli d'esprits recteurs.
Feu M. Navier, Médecin de Châlons-sur-Marne,
nous a fait part d'une observation qui prouve

le bon effet du chocolat sur deux personnes épuisées, qui étoient de l'un & de l'autre sexes. Ces
personnes étoient tombées dans un état de lan-
gueur & de maigreur extraordinaire, ayant une
sièvre lente habituelle, ne pouvant soutenir, ni
garder aucun aliment. La femme avoit surtout
été réduite à toute extrémité, par des pertes
abondantes. On a mis ces malades à l'usage du
bon chocolat, préparé à l'eau, pour tout remède
& pour toute nourriture ; moyen sans contredit
bien simple, mais qui néanmoins a eu assez
d'efficacité pour les rétablir parfaitement, au
grand étonnement de ceux qui les avoient vus
dans leur état de dépérissement. La femme avoir
même un pouls si petit, qu'il s'effaçoit sous le
moindre tact : elle ne pouvoit prendre exactement quatre cuillerées de bouillon, sans en éprouver un travail qui la mettoit en sueur, & la
faisoit tomber en foiblesse. Après quelque tems
de l'usage du chocolat, qu'on lui donnoit,
d'heure en heure par cuillerée, comme on fait
une potion cordiale, le pouls a commencé à se
developper & à devenir grand : la malade n'é-
prouvoit ni travail, ni foiblesse, en prenant
de son nouvel aliment : on en augmenta la quantité par dégrés : on l'a rendu ensuite plus adou-
cissant, en y mettant un huitième de lait, &
successivement après plus nourrissant, en y ajoutant un peu de jaune d'œuf, & toujours sans
pain, ni aucune autre substance solide quelconque. Au bout d'environ six semaines ou deux
mois, cette malade avoit recouvré assez de force
& de santé, pour passer doucement à l'usage
des nourritures ordinaires, pour reprendre ses
occupations, & pour devenir mère un an après.

Il faut néanmoins obferver que, pour que le chocolat puiſſe devenir une nourriture ou un remède falutaire, il ne faut pas que les premières voies fe trouvent imprégnées de mauvais levains ; & en effet quand elles fe trouvent engorgées, ou comme enduites de matières viſqueuſes, rien n'eſt plus à propos, que de remédier à ces vices, avant de paſſer à l'uſage du chocolat.

Un des Rédacteurs du nouveau Dictionnaire économique, dit avoir fait, avec de bonne pâte de chocolat, une eſpèce de teinture, en la faiſant bouillir doucement dans beaucoup plus d'eau qu'on n'en met communément pour faire une taſſe de chocolat. Cette liqueur fe chargea d'une huile légère, qui lui fervit à procurer une criſe de fueur bénigne & des crachats, à un malade d'une fluxion de poitrine, en qui paroiſſoient preſque tous les fymptômes d'une mort prochaine ; il lui donna, de quatre en quatre minutes, une cuillerée à café de cette teinture chaude, & alternativement une femblable cuillerée de bon vin vieux, puis, de loin en loin, un peu de bouillon ; ce qui le guérit parfaitement.

Les amandes de cacao paroiſſent pouvoir bien s'allier avec celles d'acajou, fuivant quelques expériences du P. Labat.

Nous ne pouvons nous empêcher ici de rapporter les différentes préparations qu'on fait avec le chocolat, pour ne rien laiſſer à défirer à nos lecteurs, quoique quelques-uns mal-intentionnés foient difpoſés à regarder ce détail comme trivial. Dans un ouvrage économique, rien ne doit être négligé ; & nous travaillons ici plutôt pour tous les lecteurs indiſtinctement, que pour de vrais favans , dont le nombre eſt bien petit dans ce ſiècle , quoique tout le monde veuille paſſer actuellement pour tel.

La première de ces préparations eſt la *manière , même la plus uſitée , de le préparer.* Pour en faire quatre taſſes , il fait mettre quatre taſſes d'eau dans une chocolatière , puis prendre un quarteron de chocolat , le couper , le plus mince que faire ſe pourra , ſur un papier : ſi on l'aime ſucré , on prendra un quarteron de ſucre , ou du moins trois onces , qu'on concaſſera & qu'on mêlera avec le chocolat ; lorſque l'eau bouillira , on y jettera le tout , & on remuera bien avec le bâton à chocolat ; on mettra enſuite ce mêlange devant le feu , ſi on veut , & , lorſqu'il montera , on le retirera pour qu'il ne s'en aille pas par deſſus : on le fouettera bien avec un bâton , pour le faire mouſſer : à meſure qu'il mouſſera , on le verſera dans des taſſes , l'une après l'autre ; ſi l'on n'en veut qu'une taſſe , il ne faut qu'une once de chocolat. Si on veut du chocolat au lait , au lieu d'eau on y mettra du lait.

La ſeconde méthode de *préparer le chocolat*, eſt de ratiſſer la pâte pure avec un couteau , ou de la frotter avec une rape plate , ſi cette pâte eſt ſèche , pour que la rape ne ſe graiſſe pas. On prend , pour une once de chocolat , deux ou trois onces de cannelle en poudre , paſſées , au tamis de ſoie , & une once de ſucre pulvériſé : on met ce mêlange dans une chocolatière , avec un œuf frais entier , & on remue bien , avec ſe moulinet , juſqu'à ce que le tout ſoit en conſiſtance de miel liquide ; enſuite , on y verſe huit onces de liqueur bouillante , eau ou lait , ſelon ſon goût , pendant qu'on agite forte-

ment le moulinet, pour le bien incorporer avec
le reste ; après quoi on met le chocolat sur le
feu, ou au bain-marie ; &, dès que le chocolat
monte, on retire la chocolatière ; on le remue
beaucoup avec le moulinet, & on le verse dans
des tasses, à diverses reprises ; c'est l'œuf qui
fait bien mousser. Pour relever le goût de cette
liqueur on peut, immédiatement avant de la
verser, y mettre une cuillerée d'eau de fleurs
d'orange, où on aura versé une ou deux gouttes
d'essence d'ambre. Ce chocolat est très-parfumé,
extrêmement délicat, & ne charge point ; d'ailleurs il ne fait aucun sédiment dans la chocolatière ni dans les tasses.

Une troisième préparation, qu'on fait avec
le chocolat, est le *biscuit de chocolat.* Pour
la faire, on fouette des blancs d'œufs en neige ;
on y mêle ensuite autant de chocolat qu'il en
faut pour leur donner le goût & la couleur du
sucre en poudre & de la fleur de farine : on
fait du tout une pâte souple : on en forme les
biscuits, & on fait cuire à une chaleur modérée.

La quatrième est la *pastille de chocolat.* Pour
une livre de sucre fin, vous faites fondre une
once de gomme adraganthe avec un peu d'eau ;
lorsqu'elle sera fondue, passez-la à travers une
serviette ; mettez cette eau gommée dans un mortier, avec deux tablettes de chocolat ; pilez &
passez au travers d'un tamis, la moitié d'un
blanc d'œuf, & une livre de sucre fin passé au
tambour ; pilez le tout ensemble, en mettant le
sucre peu à peu jusqu'à ce que cela vous fasse
une pâte maniable ; ensuite vous l'ôtez du mortier, pour en former des pastilles de la grandeur
& du dessin qu'on jugera à propos, ou des

grains de blé, de café, de pois de lentille, des coquillages, & autres chofes, à volonté.

La cinquième préparation eft ce qu'on nomme *cannelons glacés de chocolat:* pour faire fix cannelons vous en remplirez quatre avec de la bonne crême; mettez cette crême fur le feu, pour la faire bouillir; vous y mettrez enfuite une livre de fucre; vous prenez trois quarterons de chocolat, que vous faites fondre dans l'eau, en le mettant fur le feu dans une poêle; &, le remuant toujours, jufqu'à ce qu'il foit en bouillie, vous y ajoutez fix jaunes d'œufs, que vous delayez bien enfemble; mettez-y aufii de la crême: lorfque vous aurez bien mêlé le tout, vous le pafferez au tamis pour le mettre dans une fablotière, & pour le faire prendre à la glace: quand la crême eft prife, vous le travaillez pour le mettre dans les moules & cannelons, que vous enveloppez de papier, & pour les remettre à la place, dans un vaiffeau qui ne retienne point l'eau; lorfque vous ferez prêt à fervir, vous leur ferez quitter le moule.

La fixième préparation eft la *mouffe de chocolat.* Faites fondre fix onces de chocolat dans un bon verre d'eau, que vous mettrez fur un petit feu doux; remuez-le avec une fpatule; quand il fera bien fondu, & réduit comme une efpèce de bouillie, vous le retirerez de deffus le feu, pour y mettre fix jaunes d'œufs frais, que vous incorporerez dedans: vous y mettrez enfuite une pinte de bonne crême, que vous mêlerez avec le chocolat & les œufs; ajoutez-y une demi-livre de fucre; mettez le tout enfemble dans une terrine: lorfque le fucre fera fondu, & que la crême fera rafraîchie, vous finirez les mouffes.

La septième préparation, est la *conserve de chocolat*. Prenez deux onces de chocolat rapé ; faites cuire une livre de sucre à la premiere plume, & mettez-y votre chocolat; remuez-le pour la délayer, & dressez votre conserve toute chaude.

La huitième préparation est le *massepain de chocolat*. Echaudez deux livres d'amandes douces ; tenez-les dans de l'eau fraîche, & pilez-les dans un mortier ; faites cuire une livre de sucre à la plume ; mettez-y vos amandes ; desséchez la pâte à petit feu ; tirez-la de la poële, & mettez-la refroidir : quand elle sera froide, vous y ajouterez trois onces de chocolat pilé & passé au tamis ; & un blanc d'œuf, & vous manierez le tout ensemble : vous pourrez former une abaisse d'une partie de la pâte ; vous la découperez avec des moules de fer blanc ; vous en passerez à la feringue ; vous pourrez glacer d'une glace royale ceux qui seront découpés.

La neuvième préparation est la *crême de chocolat*. Il faut mettre sur un demi-septier de crême une chopine de lait, le jaune de deux œufs frais & trois onces de sucre ; détrempez le tout ensemble; faites-le bouillir & consommer d'un quart, en le tournant avec une spatule; vous y mettrez ensuite du bon chocolat rapé, autant qu'il en faut pour qu'elle en ait le goût & la couleur ; après quoi vous lui donnerez cinq ou six bouillons; vous la passerez par un tamis, & vous la dresserez pour la servir froide.

La dixième préparation est la *glace de chocolat*. Vous prenez trois demi-septiers de crême, & un demi-septier de lait, que vous faites bouillir avec trois quarterons de sucre; vous aurez une demi-livre de chocolat, que vous ferez fondre dans

de l'eau, en le mettant dans une poële sur le feu ;
vous remuerez avec une spatule ou cuiller de
bois, & vous ferez réduire le tout, jusqu'à ce
qu'il soit en bouillie : il faut y ajouter quatre
jaunes d'œufs, que vous délayerez bien avec du
lait & de la crême, & que vous verserez dans
la poële, avec le chocolat, pour les mêler ensemble ; il faut ensuite les verser dans une terrine, jusqu'à ce que vous soyez prêt à mettre
à la glace.

L'onzième préparation est la *crême de chocolat
au bain-marie.* Délayez une once de chocolat
rapé, avec quatre jaunes d'œufs & un peu de
lait ; ajoutez-y une chopine de crême & un demi-
septier de lait ; mêlez bien le tout ; ajoutez-y
du sucre à discrétion ; faites bouillir de l'eau dans
une casserole ; mettez dessus le plat où vous aurez
dressé votre crême, en sorte que le fond du plat
trempe dans l'eau bouillante ; recouvrez-le d'un
autre plat, & ne l'ôtez que quand la crême
sera prise.

La douzième est le *fromage de chocolat.* Prenez
une demi-livre de bon chocolat ; mettez-y environ un demi-septier d'eau, pour la faire fondre
sur le feu ; vous aurez soin de remuer toujours,
avec une spatule ; quand vous verrez qu'il sera
bien fondu & réduit comme un bouillie légère,
vous y mettrez six jaunes d'œufs, que vous délayerez bien dedans ; vous mettrez une pinte de
bonne crême ; faites-lui faire un bouillon ; mettez-y une demi-livre de sucre ; ensuite vous mettrez la crême dans la poële où est votre chocolat, que vous remuerez bien ensemble sur le
feu ; lorsque les œufs seront pris, mettez votre
crême dans une sablotière, pour la faire prendre
à la

à la glace, que vous travaillerez à la houlette,
& la mettrez enfuite dans un moule de fromage,
pour la remettre à la glace.

La treizième préparation eft la *crême veloutée
au chocolat*. Prenez fix tablettes de chocolat;
coupez-les bien minces; prenez trois demi-feptiers de crême, & un demi-feptier de lait, que
vous mettez dans une cafferole, avec une écorce
de citron verd-cannelle en bâton & coriandre;
faites réduire aux deux tiers, & mettez-y votre
chocolat, faites faire quelques bouillons; retirez,
paffez dans une ferviette mouillée; quand elle
fera un peu plus tiède, délayez-y comme un
pois de préfure, & faites-la prendre fur des cendres chaudes: on peut la fervir froide, fi l'on
veut.

La quatorzième eft le *chocolat en olives*. Pilez
dans un mortier une tablette de chocolat; lorfqu'il eft fin, vous y mettez trois blancs d'œufs,
avec du fucre en poudre; il en faut fuffifamment, pour que vous puifliez en former une
pâte; pilez le tout enfemble & ajoutez-y du fucre, jufqu'à ce que vous ayez une pâte maniable; retirez-la du mortier, pour la mettre fur
une table avec du fucre fin; coupez-en de petits morceaux égaux, que vous roulez un peu
dans la main avec du fucre fin, pour leur donner
la figure d'une olive; mettez-les à mefure fur
des feuilles de cuivre; faites-les cuire dans un
four doux.

La quinzième font les *dragées de chocolat*.
Faites tremper un peu de gomme adragante dans
un peu d'eau; lorfqu'elle eft fondue & bien épaiffe, paffez-la au travers d'un linge, en preffant
fort, pour qu'elle paffe toute; mettez-la dans

un mortier, avec du chocolat en poudre & du
fucre fin, jufqu'à ce que vous ayez une pâte
maniable ; mettez cette pâte fur une table pou-
drée de fucre fin ; abattez-la avec un róuleau ,
jufqu'à ce qu'elle foit de l'épaiffeur d'un écu ;
coupez-en de petits morceaux, pour les arrondir,
de la groffeur d'un pois ; mettez-les fécher à
l'étuve ; lorfqu'ils feront fecs, vous les couvrirez
de fucre, comme on a coutume de faire pour
les dragées.

La feixième eft le *diablotin de chocolat.* Prenez
du bon chocolat ; s'il eft trop fec, mettez-le
amollir à l'étuve ; ajoutez-y un peu d'huile d'o-
live, pour le bien travailler avec une cuiller ;
vous en prenez de petits morceaux, que vous
roulez dans vos mains, pour en faire de petites
boulettes groffes comme des noifettes, & que
vous mettez fur de petits carrés de papier, à la
diftance égale d'un bon pouce ; quand votre
feuille eft remplie, vous prenez votre papier de
coin en coin ; vous en appuyez un fur la table,
& l'autre, que vous fecouez pour les applatir,
afin qu'ils fe glacent d'eux-mêmes ; vous les gla-
cez, fi vous voulez, avec de la nompareille
blanche, & vous les piquez tous avec du can-
nevas ; vous les faites fécher à l'étuve.

La feizième préparation eft l'*eau de chocolat.*
Prenez du cacao & de la vanille ; faites-les rôtir ,
comme fi vous vouliez faire du chocolat ; broyez
enfuite le cacao, & laiffez la vanille fans la piler,
mettez-les enfuite dans l'alambic, avec de l'eau
& de l'eau-de-vie ; diftillez-les à un feu ordinaire, & ne tirez point de phlegme : quand vos
efprits feront tirés vous les mettrez dans un
firop, que vous ferez à l'ordinaire, avec du

fucre fondu dans de l'eau fraîche; vous pafferez la liqueur à la chauffe; &, quand elle fera claire, vous la conferverez pour le befoin : la dofe, pour la recette, eft de deux onces de cacao, d'un gros de vanille, de trois pintes & un demi-feptier d'eau-de-vie, d'une livre & demie de fucre; & de deux pintes, trois demi-feptiers d'eau.

Nous avons donné ci-deffus, pour feconde efpèce du genre du cacaotier, le guazumier de Plumier, *Theobroma Guazuma, Theobroma foliis ferratis. Linn. Syft. Plant. edit. Reich. t. 1, p. 582. Syftema veget. Murray, edit XIV, p. 696 Linn. Mantiff. 445. Roy. Lugdb. B. 47. Mill. dict. Guazuma arbor ulmifolia, fructu ex purpura nigro. Plum. gen. 36, icon. 144. Cenchramedia Jamaic. ulmifolia, fructu ovali integro verrucofo. Plux. Alm 92, alni fructu morifolia arbor: Flore pentapetalo flavo. Sloan Jam. 135, hift. 2, p. 18 Rai, Dendr. 11, der Guazuma. Linn. Pfl. Syft. 2, p. 223;* en françois, l'orme de l'Amérique.

Les feuilles de cet arbre font parfemées de coton; on n'y remarque point de bouton : fa feuillaifon eft enveloppée au bord par des efpèces de dents de fcie pliées, imbriquées: les feuilles font alternes, pétiolées, en forme de cœur, drapées obtufément & inégalement à dents de fcie pointues, à trois nervures raboteufes, veineufes, luifantes, pendantes, femblables aux feuilles d'ortie; les ftipules font oppofées, en forme d'alènes, lancéolées près les rameaux, ayant à l'extérieur un pore qui donne du miel. Les pétioles font cylindriques, fix fois plus courts que les feuilles, plus épais vers la feuille;

les fleurs font en bouquets, femblables à celles
de la d'Ayen ; les pétales font jaunes, à deux
arêtes pourprées ; les anthères font au nombre
de trois, & non de cinq, gemelles en chaque
filament, entre les crans du nectaire campanulé,
le ftil eft fendu en cinq au fommet, aigu : cet
arbre dort par fes feuilles, qui font totalement
penchées fur des pétioles ferrés. Cette efpèce
croît naturellement parmi les campagnes de la
Jamaïque ; elle eft repréfentée dans les plantes de
Plumier, pl. 144 : dans l'*Almageftum* de Plukenet, pl. 77, fig. 2 ; dans nos *Dons merveilleux &
diverfement colorés de la Nature, dans le règne végétal*, t. 2, *pl. 133* ; & dans notre *Jardin d'Eden*,
auffi, t. 2, *pl. 130*. dans le *Syftema naturæ* de
Linæus, t. 3, édit. XII, le *theobroma angufta*
failoit une troifième efpèce du genre du cacaotier ; mais M. Linné fils l'a tiré de ce genre,
pour en faire un genre particulier, fous le nom
d'*abroma* ; il auroit encore très-bien fait d'en
tirer le guazumier de Plumier, dont le fruit eft
bien différent de celui du cacaotier, & qui, par
cette raifon, devroit conftituer un autre genre.
Le bois du guazumier eft blanc & flexible ; on
en fait des cercles pour les tonneaux. Ses feuilles & fon fruit, forment une nourriture excellente pour le bétail ; auffi, lorfque les propriétaires arrachent les bois & défrichent la terre
pour la cultiver, ils ont grand foin d'y laiffer
les guazumiers, pour fournir de la nourriture à
leur bétail, dans les tems de féchereffe & de
difette de fourrage. On cultive cet arbre dans
les jardins des curieux. Il fe multiplie par femence, qu'on fe procure auffi fraîche qu'il eft poffible, du pays, où cet arbre croît naturellement :

on la sème, au printems, fur une bonne couche chaude, & quand les jeunes jets font affez
forts pour être levés; on les met chacun dans
un petit pot, qu'on enfonce dans une couche
chaude de tan : on aura la précaution de les garantir du foleil, jufqu'à ce qu'ils foient repris;
au furplus, on les gouvernera de la même manière qu'on gouverne les cafétiers en Europe.
Voyez notre *Differtation fur le cafétier*.

DISSERTATION
SUR LE THÉ,
SUR SA RÉCOLTE,

Et sur les bons & mauvais effets de son Infusion.

LE caractère générique du Thé suivant le célèbre de Linné, est, d'avoir le périanthe du calice à cinq ou six folioles, très-petit, plane ; les folioles sont rondes, obtuses, persistantes ; les pétales sont au nombre de six, ronds, concaves, égaux, grands ; les filamens des étamines sont nombreux, aux environs de deux cens, en forme de filets, plus courts que la corolle ; les anthères sont simples ; le germe du pistil est à globule, à trois côtes ; le styl est, en forme d'alène, de la longueur des étamines, le stigmate est triple, le péricarpe est une capsule composée de trois globes, à trois loges, s'ouvrant en trois par le sommet ; les semences sont solitaires, globuleuses, anguleuses par l'intérieur.

Le Chevalier de Linné en distingue deux espèces, le Thé bhout & le Thé vert ; le Thé bhout est connu en botanique, sous les noms de *Thea bohea*, *Thea floribus sexapetalis. Lin.*

Syst. Plant. edit. Reich. t. 2 , p. 589. Murray , Veget. edit. XIV , p. 495. Hort Cliff. 204 , mat. med. 7 , p. 239. Hill. exot. , pl. 22. Blackw. t. 352. Thee. Kæmpf. Jap. 605. Thee frutex. Bart. act. 4 , p. 1 , t. 1. Bont. Jav. 87 , t. 88. Barr. Rar. 128 , T. 904. Lettsom. differt. Lugdb. 1769 , t. 1 , fig. 1 & 2. The finensium. Breyn. Cent. 111 , t. 112. It. 17 , t. 3. Poccone musæum , 114 , t. 94. Thea. Bauh. Pin. 197. Evonymo affinis arbor Orientalis nucifera , flore roseo. Pluk. Alm. 139 , t. 88 , fig. 6 , der Braune Thee , oder Thee-bou. Linn. Pflanzen , Syst. 4 , p, 19.

Les feuilles de cette espèce sont ellyptiques, alternes, consistantes, lisses un peu obtuses, découpées obtusément à dents de scie, ayant leurs pétioles courts, cylindriques en dessus, bossus ; on ne remarque aucun stipule.

La seconde espèce est le Thé vert. *Thea viridis , Thea floribus enneapetalis. Linn. Syst. Plant. edit. Reich. t. 2 , p. 589. Murray , Syst. veget. edit. XIV , p, 499 Hill. exot. , t. 22. Thea finensis. Black. , t. 351 , der Grune Thee Lin. Pflanzen Syst. 4 , p. 22.* Les feuilles de cette espèce sont plus longues, tandis que celles de l'espèce précédente sont plus courtes ; les fleurs à cinq pétales, les styls sont au nombre de trois, conglutinés, sans être simples. Ces deux arbrisseaux croissent dans la Chine & au Japon : la première espèce est représentée dans les *Amœnitates Academicæ*, de Linné , t. 7 , pl. 4 ; dans les plantes exotiques de Hill. , pl. 22 ; dans l'herbier de Blackwel , pl. 352 ; dans les *Amœnitates Exoticæ*, de Kempfer , pl. 606 ; dans les mémoires de Bartholin, pl. 1 ; dans Bontius, pl. 88 ; dans les plantes rares de Barrelier ;

pl. 904 ; dans la differtation de Lettfom , pl. 1 ,
fig. 1 & 2 ; dans les centuries de Breynius , pl. 17 ;
dans le mufœum de Boccone , pl. 94 ; dans l'*Al-
magejtum* de Plukenet , pl. 88 , fig. 6 ; dans nos
dons merveilleux dans le règne végétal , pl.
160 ; dans nos *plantes nouvelles* , pl. 29 & 30 ;
& dans notre grand *jardin de l'univers* , pl. 30
& 40. La feconde efpèce eft repréfentée dans
les plantes exotiques de Hill. , pl. 22 , & dans
l'herbier de Blakwel ; pl. 351.

Nous allons actuellement rapporter la defcription qu'en donne le docteur Coakley : Lettfom dans la differtation qu'il a publiée fur cet
arbriffeau ; il fait partie , fuivant lui , de la claffe
treizième de Linné , qui comprend les plantes
polyandriques , & de l'ordre troifième de cette
claffe , deftinée aux plantes trigyniques , quoique ,
dans tous les ouvrages imprimés de Linné , il foit
placé dans l'ordre des modogyniques ; le périanthe du calice de la fleur eft à cinq pièces ,
fort petit , plane , ayant fes fegmens ronds ,
obtus , permanens ; la corolle eft à fix pétales ;
elle varie cependant ; car on en a trouvé à
trois pétales & à neuf pétales ; ces pétales font
ronds , concaves , dont deux extérieurs , plus
petits , enveloppant la fleur avant qu'elle foit
épanouie , & les quatre intérieurs grands , égaux ,
recourbés avant qu'ils tombent. Les filets des
étamines font nombreux , au nombre de deux
cens ; il s'en eft trouvé au nombre de deux
cens quatre-vingts ; ils font attachés à la bafe
du germe , filiformes , plus courts que la corolle ,
les anthères font en forme de cœur , à deux
loges ; le germe eft globuleux , triangulaire ; les
ftyls font ronds , au nombre de trois, vers la

bafe, en forme d'alène, recourbés; de la longueur des étamines, ferrés l'un contre l'autre, & ne formant pour ainfi dire qu'un feul corps au centre des étamines qui les environnent, ce qui a donné lieu a l'erreur du Chevalier de Linné; mais les ftyls, après que les pétales & les étamines font tombées, s'éloignent les uns des autres, s'écartent, &, lorfqu'ils ont acquis une certaine longueur, ils fe flétriffent fur le germe; les ftigmates font fimples; le péricarpe eft une capfule formée de trois corps globuleux réunis enfemble, à trois loges, s'ouvrant à la partie fupérieure en trois directions. Les femences font folitaires, globuleufes, anguleufes à la partie intérieure; le tronc eft branchu, ligneux, prefque cylindrique; les auteurs varient fur fa hauteur: Kempfer dit en avoir vu qui avoient une aune de hauteur; les branches font alternes, placées fans ordre régulier, un peu roides, tirant fur le cendré, rougeâtres au fommet; les pédoncules des fleurs fortent des aiffelles des feuilles, font alternes, folitaires, courbées, à une fleur, augmentant en groffeur vers leur extrémité, n'ayant qu'une feule ftipule en forme d'alène, prefque perpendiculaire; il eft à obferver que les boutons à fleur naiffent droits, qu'ils s'inclinent enfuite jufqu'au moment de la fleuraifon, où la fleur redevient pour lors droite; les fleurs paffées, les boutons reprennent l'inclinaifon qu'ils avoient avant leur fleuraifon; les feuilles font alternes, elliptiques, découpées obtufément à dents de fcie, ayant leurs bords recourbés entre les dents, échancrées à la pointe, très-entières à la bafe, glabres, luifantes, à bulles, veineufes en deffus, confiftantes, pétio-

lées, à pétioles très-courts, & cylindriques en
deſſous, boſſues ou voûtées & planes, cannellées
en deſſus. M. Lettſom prétend que cet arbriſſeau
n'a qu'une ſeule eſpèce, & que la différence du
Thé vert & du Thé bhout dépend de la nature
du ſol, de la culture, & de la manière de ſé-
cher les feuilles; on a même obſervé que l'arbriſſeau du Thé vert, planté dans le pays où
étoit le Thé bhout, a produit le Thé bhout,
&, *vice verſâ*, M. Fougeroux de Bondaroy
penſe différemment ſur les eſpèces du Thé; il
en admet pluſieurs eſpèces dans ſa diſſertation,
qui, ſans contredit, ne ſont que des variétés.

Quoique la plante du Thé vienne en Chine
& au Japon, cependant en général on n'importe en Europe que le Thé de la Chine; les
ſeuls Hollandois vont au Japon, & on ſait qu'ils
ne nous en apportent que très-peu. Il n'y a pas
plus de cent ans que nous connoiſſons cette ſubſtance en France; ce ſont les mêmes Hollandois,
qui les premiers ont commencé à s'en ſervir, &
qui en ont répandu l'uſage dans l'Europe. Nous
ignorons quel fut le premier motif qui engagea
les naturels de ces contrées à ſe ſervir du Thé
infuſé; mais il eſt vraiſemblable que la première
intention fut de corriger l'eau, qu'on dit être
ſaumâche & de mauvais goût dans pluſieurs endroits de ces climats. Le Docteur Kalm nous
donne une preuve authentique des bons effets du
Thé en pareilles circonſtances, dans ſon voyage
dernier de l'Amérique. Le Thé, dit-il, a différens
dégrés d'eſtime chez les différentes nations, &
je penſe que nous nous porterions auſſi bien, &
que nos bourſes en ſeroient beaucoup mieux,
ſi nous n'avions ni Thé ni Café; cependant,

ajoute-t-il, je dois être impartial, & je ne puis me dispenser de dire, à la louange du Thé, que, s'il est utile, il doit l'être certainement pendant l'été, dans des voyages comme le mien, au travers d'un pays désert, où l'on ne peut porter ni cidre, ni autres liqueurs, & où en général l'eau n'est point potable, en ce qu'elle est infectée d'insectes; en pareil cas elle est fort agréable, quand elle a bouilli, & qu'on la boit avec du Thé qu'on y a infusé; je ne puis assez vanter le goût délicat qu'elle acquiert, étant ainsi préparée; elle ranime, au-delà de toute expression, un voyageur épuisé; je l'ai éprouvé moi-même, ainsi que plusieurs personnes qui ont parcouru les forêts désertes de l'Amérique; dans des voyages aussi fatiguans, le Thé est aussi nécessaire que les vivres.

La Compagnie Hollandoise des Indes Orientales introduisit la première le Thé en Europe, au commencement du siècle dernier, & le Lord Arlignton, le Lord Offary en emportèrent de Hollande en Angleterre une quantité confidérable, vers 1666. Bientôt il fut adopté par des gens d'un rang distingué, &, depuis cette époque, son usage est devenu universel par dégrés; & en effet il est certain qu'avant ce tems, l'usage du Thé, même dans les Cafés publics d'Angleterre, étoit assez répandu; car, en 1660, on y avoit proposé un droit de huit deniers par gallon de cette liqueur, faite & vendue dans tous les Cafés; c'est un droit à peu près pareil, que le Roi d'Angleterre a voulu de nos jours établir sur le Thé, dont les Anglois Américains faisoient grande consommation, & qui a occasionné la désunion de ces colons Anglois de leur

mère-patrie, & les a engagés à s'établir en ré-
publique indépendante.

Dès 1679, Cornelius Bontchoë, médecin
Hollandois, publia un traité, dans fa langue,
fur le Thé, le Café & le Chocolat; il s'y an-
nonce comme un vrai protecteur du Thé; il ne
penfe pas qu'il puiffe faire aucun tort à l'eftomac, quand on en prendroit à l'excès, même
jufqu'à cent & deux cens taffes par jour; ce qui
eft un peu exagéré. Les autres auteurs, qui
ont écrit fur le Thé, font Linné, Kempfer,
Bartholin, Breynius, Bocone, Bauhin, Plukenet, Bontius, Maffœurs, Trigont, Hugues de
Linfcot, Bernard Varen, Alexandre de Rhode,
Tulpius, les auteurs des Lettres édifiantes, Olea-
rius, Vormius, Jonquet, Simon Pauli, Nieu-
zofs, Kircher, le père le Comte, Chamberlein,
Scheuchzer, le père Labat, Mafon, l'abbé
Pluche, le père Duhalde, Neuman, Chambers,
Onbeck, Tiffot, Valmont de Bomare, Milan,
M. Fougeroux de Bondaroy, M. Lettfom,
Buc'hoz, dans fa *Nature confidérée* & plufieurs
autres.

Nous fommes principalement redevables à
Kempfer des détails certains que nous avons,
fur la méthode de cultiver cet arbriffeau; il l'a
puifée dans le pays même, au Japon. Kempfer
nous dit, que cette plante n'exige aucun jardin,
ni aucun terrein particulier, & qu'elle eft cultivée fur la lifière des campagnes, fans aucun
égard au fol; fes femences font renfermées dans
une capfule, communément au nombre de fix,
mais elles n'excèdent point celui de douze ou
de quinze; on en plante pêle-mêle plufieurs dans
un trou, à quatre ou cinq pouces de profondeur,

à une certaine diftance les unes des autres : ces femences contiennent une grande quantité d'huile , qui devient bientôt rance ; à peine en germe-t-il une cinquième partie , inconvénient qui néceffite à en planter plufieurs enfemble.

Dans l'efpace d'environ fept ans , cet arbriffeau croît à la hauteur d'un homme ; mais comme , dans cet état , il ne porte que peu de feuilles , & qu'il croît lentement , on le rabat ; cette opération donne naiffance à un fi grand nombre de feuilles & de rejetons l'été fuivant , que les propriétaires font abondamment dédommagés de ce facrifice. Quelques-uns different à le rabattre , jufqu'à ce qu'il foit parvenu à la dixiéme année.

D'après les connoiffances qu'on peut tirer des auteurs , & des voyageurs les plus eftimés , on cultive , & on prépare cet arbriffeau en Chine de la même manière qu'au Japon ; mais , comme les Chinois exportent une quantité confidérable de Thé , ils en plantent des champs entiers , foit pour fournir les marchés étrangers , foit pour leur propre confommation ; la province de Fokien eft la principale , qui fourniffe l'empire de la Chine & l'Europe de cette denrée.

Cet arbriffeau fe plaît particulièrement dans les vallées , fur les collines & fur les rivières ; où il jouit de l'expofition du foleil du midi , quoiqu'il fupporte des variations confidérables de chaud & de froid , quoiqu'il fleuriffe au nord de Pekin , qui eft prefque dans la même latitude de Rome , auffi bien qu'à Quanton.

On avoit tenté anciennement de multiplier l'arbre du Thé par des graines tirées de la Chine ou du Japon ; mais , faute de précautions fans doute, ces graines nous font toujours parvenues rances & hors d'état de lever. Cependant on ne peut pas penfer que les habitans de ces contrées, jaloux de cette poffeffion, ne laiffent fortir les femences qu'après les avoir fait fécher , & s'être affuré qu'elles ne germeront pas, puifque, ayant effayé depuis quelques années, de mettre dans le fable les graines auffi-tôt qu'elles ont été recueillies, & les ayant fait germer pendant la traverfée, cet expédient a très-bien réuffi; M. le Chevalier de Linné a reçu de la Chine, en 1763, des femences de Thé, qui ont très-bien pouffé.

Les Anglois, qui s'occupent vivement de cet objet, ayant adopté ce moyen, tirent aujourd'hui de Chine, des pieds & des femences de Thé, & ils réuffiffent à multiplier cette plante chez eux. Ce qui leur a mieux réuffi, a été de mettre les graines dans du fable humide, contenu dans une caiffe, que l'on a foin d'arrofer pendant la traverfée. Ils apportent également de Chine, de jeunes pieds de Thé, qu'ils confervent dans de la terre humide ; mais les femences leur ont paru jufqu'ici plus propres à feconder leur entreprife, & à multiplier cet arbre précieux. L'on peut donc croire avec raifon qu'il eût été facile, en employant ces précautions, de tranfporter plutôt cet arbre en Europe. Cet arbriffeau, que les Anglois mettent en efpalier ; commence à permettre qu'on en faffe des marcottes, & par conféquent à devenir plus commun. Feu M. le Chevalier Janffen, connu par fon zèle pour enrichir la France de nouvelles plantes, en a tiré un pied d'Angleterre, & après lui, plufieurs Seigneurs François. Cet arbriffeau a fleuri à Paris, au jardin du Roi, chez M. le Duc de Briffac, & chez M. le Marquis de Turgot.

Voyons actuellement comment fe fait la récolte des feuilles du Thé : lors de la faifon propre à leur cueillette, on loue des ouvriers, qui, accoutumés à ce travail, qui leur fournit les moyens de fubfifter, font très-habiles & très-prompts à remplir cette tâche ; ils ne les arrachent pas par poignées, mais une à une, en obfervant de grandes précautions.

Quelque minutieux que ce travail puiffe paroître, ils en ramaffent depuis quatre jufqu'à dix ou quinze livres par jour. Kempfer détaille les différentes époques où on cueille ordinairement les feuilles : la première commence au midi de la nouvelle lune, qui prend en l'équinoxe du printems, formant le premier mois de l'année Japonoife, & tombe vers la fin de notre mois de Février, ou le commencement de Mars. Les feuilles ramaffées dans ce tems, font appellées *Ficki Tsjaa*, ou *Thé en poudre*, parce qu'on les pulvérife, & qu'on les met tremper dans l'eau chaude ; ces feuilles, jeunes & tendres, n'ont que quelques jours de pouffe, quand on les cueille, &, eu égard à leur rareté & à leur prix, elles font réfervées pour les Princes & les gens riches. Cette efpèce s'appelle *Thé Impérial*.

On appelle auffi un Thé de même nature, *Udfi Tsjaa*, ou *Tacke Saski*, des lieux particuliers où il croît ; les foins particuliers, & les attentions fcrupuleufes qu'on obferve pour cueillir les feuilles du Thé dans ces lieux, méritent bien qu'on en faffe mention.

Udſi eſt une petite ville du Japon, ſur le bord de la mer, & qui n'eſt pas fort éloignée de Meaco. Dans le diſtrict de cette petite ville, ſe voit une montagne agréable, qui porte le même nom; elle paſſe pour jouir du terrein & du climat le plus favorable à la culture du Thé; auſſi eſt-elle enfermée de haies, & environnée d'un foſſé fort large, pour la plus grande ſûreté. Ces arbriſſeaux forment, ſur cette montagne, un plan régulier, eſpacé par des allées. Il y a des perſonnes prépoſées pour veiller ſur ce lieu, & garantir les feuilles de la pouſſière & de toute injure de l'air. Les ouvriers, qui doivent en cueillir les feuilles, quelques ſemaines avant de commencer cette beſogne, s'abſtiennent de toute nourriture groſſière, & de tout ce qui pourroit porter aux feuilles le plus léger dommage; ils les cueillent avec l'attention la plus exacte, & avec des goûts fins. On prépare enſuite cette eſpèce de *Thé Impérial*, ou de *Fleur de Thé*, & il eſt eſcorté par le Surintendant des travaux de cette montagne, avec une forte garde & un nombreux cortège, juſqu'à la Cour de l'Empereur, pour l'uſage de la famille Impériale.

La ſeconde cueillette ſe fait, dans le ſecond mois des Japonois, vers la fin de Mars, ou au commencement d'Avril. Quelques-unes des feuilles, à cette époque, ont atteint leur perfection, d'autres ne ſont pas encore arrivées à leur entière croiſſance; mais cependant, on les cueille toutes indifféremment, & après, on les trie & aſſortit dans différentes claſſes, ſuivant leur âge, leurs proportions & leur bonté. On ſépare avec un ſoin particulier les plus jeunes, & on les vend ſouvent pour la première cueillette, ou

pour

pour le Thé Impérial; le Thé cueilli dans ce tems, s'appelle *Thoosjaa* ou *Thé Chinois*, parce qu'on en fait une infusion, & qu'on le prend à la manière Chinoise. Il est partagé, par les négocians & les marchands de Thé, en quatre fortes qu'ils distinguent par autant de dénominations.

La troisième & dernière cueillette, se fait au troisième mois des Japonois, lequel tombe aux environs de notre mois de Juin, lorsque les feuilles font fort touffues, & qu'elles font parvenues à une entière croissance. Cette espèce de Thé appellée *Bontajaa*, est la plus grossière, & est reservée pour le peuple.

Quelques-uns se renferment dans deux cueillettes par an; la première & la seconde correspondent à la seconde & à la troisième dont nous avons parlé; d'autres n'ont qu'une cueillette générale, qu'ils font aussi dans le même tems que se fait la troisième & dernière, dont il a été question; cependant ils forment différens assortimens de ces feuilles.

Nous avons observé que cet arbrisseau croît fréquemment sur les revers des montagnes, & sur des lieux escarpés, où il est communément dangereux, & quelquefois impraticable de cueillir les feuilles, qui font souvent le Thé le plus précieux. Les Chinois en quelques endroits emploient un moyen singulier pour surmonter ces difficultés. Les endroits escarpés font habités par une grande espèce de singe; ils agacent, ils irritent ces animaux; pour se venger, ces singes brisent les branches; on rassemble ces branches, & on en cueille les feuilles. Quelques peintures Chinoises, qui représentent les procédés de

K

cueillir & de préparer le Thé, semblent donner une idée de cette méthode ingénieuse de parvenir à le cueillir dans des lieux si difficiles à aborder ; & depuis on a appris d'un Capitaine fort curieux, & homme de mérite, qui a été fort long-tems au service de la Compagnie, & qui a voyagé souvent à la Chine, que cette manœuvre est un fait avéré.

Les Chinois cueillent le Thé dans une certaine saison ; nous ne sommes pas bien informés si c'est dans le même tems qu'au Japon ; mais il est probable que la moisson du Thé se rapporte aux mêmes époques, en ce que ces peuples ont entr'eux une fréquente correspondance, & qu'ils ont un commerce considérable, ouvert les uns avec les autres.

Il y a des bâtimens publics, des cabarets à Thé, pour le préparer : toute personne, qui n'a pas les commodités convenables, ou qui manque de l'intelligence nécessaire à cette opération, peut y porter les feuilles, à mesure qu'elles sèchent. Ces bâtimens contiennent depuis cinq jusqu'à dix ou vingt petits fourneaux, hauts d'environ trois pieds ; chacun d'eux porte une platine de fer, large & plate, ronde ou carrée, attachée sur le côté, qui est au dessus de la bouche du fourneau ; ce qui garantit tout à fait l'ouvrier de la chaleur du fourneau, & empêche les feuilles de tomber. Des ouvriers, assis autour d'une table longue & basse, couverte de nattes, sur lesquelles on met les feuilles, sont occupés à les rouler. La platine de fer échauffée, jusqu'à un certain dégré, par un petit feu allumé dans le fourneau qui est au dessous, on met sur cette platine quelques livres de feuilles nouvellement cueillies. Ces feuilles, fraîches & pleines de sucs, pétillent, quand elles touchent la platine, & c'est l'affaire de l'ouvrier, de les remuer avec toute la vivacité possible, & avec les mains nues, jusqu'à ce qu'elles deviennent si chaudes, qu'il ne puisse pas aisément en supporter la chaleur : alors ils enlèvent les feuilles avec une sorte de pelle, qui ressemble à un évantail, & les versent sur des nattes. Ceux destinés à les mêler, en prennent une petite quantité à la fois, les roulent dans leurs mains, & dans une même direction, tandis que d'autres les éventent continuellement, afin qu'elles puissent se refroidir le plutôt possible, & conserver leur frisure plus long-tems.

Ce procédé est répété deux ou trois fois, ou plus souvent, avant qu'on mette le Thé dans les magasins, afin de faire disparoître toute l'humidité des feuilles, qu'elles puissent conserver plus parfaitement leur frisure ; à chaque répétition on chauffe moins la platine, & cette opération s'exécute plus lentement, & avec précaution : alors le Thé est trié & déposé dans les magasins, pour l'usage domestique ou l'exportation.

Comme les feuilles du Thé *Fiski* doivent être ordinairement réduites en poudre avant qu'on en fasse usage, elles doivent être rôties à un plus grand dégré de sécheresse. Quelques-unes de ces feuilles, étant cueillies fort jeunes, tendres & petites, on les plonge alors dans l'eau chaude ; on les en ôte sur le champ, & on les fait sécher sans les rouler.

Les gens de campagne n'y font pas tant de façon ; ils préparent leurs feuilles dans des vases de terre. Cette opération toute simple répond à toutes les autres indications, leur occasionne moins d'embarras, moins de dépense, & leur facilite le moyen de vendre à meilleur marché.

Enfin, pour compléter la préparation, après que le Thé a été gardé quelques mois on le tire des vases où on l'avoit renfermé, & on le sèche une seconde fois, sous un feu doux, afin qu'il soit dépouillé de toute l'humidité qui pourroit s'y trouver encore, & qu'il auroit pu contracter depuis la première opération.

Le Thé commun est contenu dans des pots de fer, dont l'ouverture est étroite; mais la meilleure sorte de Thé, celui dont font usage l'Empereur & les grands de l'Empire, est renfermé dans des vases de porcelaine ou de la Chine. Le Bontjaa, ou le Thé le plus grossier, est mis, par les gens de la campagne, dans des corbeilles de paille, faites en forme de barils, qu'ils placent sous les toits de leur maison, près de l'ouverture où la fumée s'échappe, & s'imaginent que le Thé n'en souffre aucun dommage.

Tel est le précis du détail que nous devons à Kempfer, de la méthode qu'emploient les Japonois, pour cueillir & préparer leur Thé.

Dans les relations de la Chine, les auteurs ont parlé fort légèrement, & de sa culture, & de sa préparation. Le père le Comte, dans ses nouveaux Mémoires sur l'état présent de la Chine, observe que, pour avoir de bon Thé, on doit cueillir les feuilles encore petites, tendres & pleines de sève. Communément ils commencent à les cueillir en Mars ou Avril, suivant que la saison est plus ou moins avancée; ensuite ils les exposent à la vapeur de l'eau

bouillante, pour les amollir, &, dès qu'elles
ont subi cette préparation, ils les étendent sur
des plaques de cuivre, mises sur le feu, qui les
sèche par dégrés, jusqu'à ce qu'elles brunissent
& qu'elles se roulent d'elles-mêmes, de la manière que nous les voyons

Cependant il est certain, d'après les papiers
Chinois, qui représentent une peinture fidelle,
quoique grossièrement exécutée, de tous les
procédés successifs qu'ils emploient, que l'arbrisseau du Thé, croît en grande partie dans les
pays montagneux, sur les sommets des rochers,
& sur des rives escarpées, inaccessibles en plusieurs endroits; & il sembleroit, à en juger,
par les peines, que se donnent les Chinois, à
former des sentiers, à établir une sorte d'écha-
faud, & à appeller à leur secours la vengeance
des singes, que ces lieux ont le privilège de
fournir le Thé le plus précieux; il paroît, par
les peintures, que cet arbre ne s'élève guères
qu'à la hauteur de l'homme. Les ouvriers qui
cueillent les feuilles, ne sont jamais représentés
qu'à terre. A la vérité ils font usage de bâtons
crochus ; mais les bâtons semblent plutôt destinés
à attirer les branches à eux, quand ces arbrisseaux sont suspendus au dessus des rivières, des
ruisseaux ou au dessus des lieux inaccessibles, que
de faire plier presqu'à terre les têtes, ou les branches supérieures de ces arbrisseaux.

Dès que les feuilles sont cueillies, ils les trient,
en forment divers assortimens, & ils les préparent, presque de la même manière que les
Japonois le pratiquent. Ils bâtissent des poëles
semblables à ceux qu'on voit dans les labora-
toires de chimie, ou dans les grandes cuisines,

K 3

où les hommes travaillent & roulent les feuilles
fur les platines mêmes. Il femble auffi qu'ils les
font fécher deux fois. Ils les sèchent auffi au foleil , après les avoir étendues dans des vaiffeaux
de peu de fond , ils les vannent, féparent les
grandes feuilles des plus petites, & les nettoient
de toute la pouffière qui pourroit y être répandue.

Les Chinois mettent les plus belles fortes de
Thés dans des vaiffeaux coniques, femblables
à des pains de fucre , faits de tutenaque , d'étain
ou de plomb, revêtus de fines nattes de bambou , ou dans des boîtes de bois carrées , &
recouvertes de plomb laminé , de feuilles sèches
& de papier. C'eft de cette manière qu'il eft
exporté dans les pays étrangers. Le Thé commun eft mis dans des pots, dont on le retire
pour l'empaqueter dans des boîtes ou des caiffes,
auffi-tôt qu'il eft vendu aux Européens.

On ne doit pas oublier une circonftance qui
leur fait honneur ; lorfque la moiffon du Thé
eft finie, chaque famille ne manque pas d'en
témoigner fa reconnoiffance à l'Etre bien-faifant,
de qui ils tiennent cette précieufe récolte.

On a déja obfervé que , lors de la cueillette
des feuilles , on les trie , & on en compofe différens affortimens, & que les foins qu'on apporte
à la préparation les multiplient ; par ce moyen
on peut en augmenter confidérablement les variétés ; parmi nous ces diftinctions font beaucoup
limitées ; en général , nous ne connoiffons que
trois fortes de Thés verds & cinq de Thés bhouts.

Les Thés de la première forte font, 1°. l'Impérial , ou fleur de Thé, avec des feuilles larges,
déliées , d'un verd gai, d'une odeur foible, délicats. 2°. *L'Hy-tiann* , ou *Hi-toong*, que nous

connoissons par le nom de *Thé hyson*, ainsi appelé d'un marchand des Indes Orientales, lequel est le premier qui l'ait apporté en Europe ; les feuilles sont étroitement roulées & petites, d'une couleur verte tirant sur le bleu.

1°. Le *Thé finglo* ou *sanglo*, qui reçut son nom, comme plusieurs autres Thés, du lieu où il est cultivé.

Les Thés bhouts sont, 1°. le *Soochout*, ou *Sutchouy*, que les Chinois appellent *Saatyang*, ou *Su-tyann* ; il donne une infusion de couleur verd-jaunâtre.

2°. Le *Comho*, ou *Soumlo*, ainsi appelé du lieu où il est cueilli ; c'est un Thé qui a un grand parfum, & une odeur violette. Son infusion est pâle.

3°. Le *Conge*, ou *Bong-so* ; il a une feuille plus large que le suivant, & l'infusion en est d'une couleur plus foncée ; il ressemble au *Thé bhout* par la couleur de la feuille.

4°. Le *Pecko*, ou *Pakoe*, appelé par les Chinois *Back-ho*, ou *Pack-ho* ; on le connoît aux petites fleurs blanches qu'on y a mêlées.

5°. Le *Bhout* commun, appelé *Moji* par les Chinois, a les feuilles d'une seule couleur.

On a aussi importé une sorte de Thé, d'une forme différente du précédent, faite en gâteau ou en boules, de différentes grosseurs.

1°. Le plus gros gâteau que j'aie vu, dit Lettsom, pèse environ deux onces ; ce Thé ressemble, par l'infusion & par le goût, au bon Thé bhout.

2°. Une autre sorte, qui est une espèce de Thé verd, qu'on appelle *Tio-té* ; il est voûté & rond, & ressemble assez à des pois.

3°. La plus petite espèce, ainsi fabriquée, est appelée *Thé poudre à canon.*

Les Chinois préparent un extrait de Thé, qu'ils débitent comme une médecine, dissout dans une grande quantité d'eau, & lui attribuent plusieurs effets merveilleux dans les fièvres & autres maladies, quand ils veulent procurer une transpiration abondante ; ils fabriquent quelquefois cet extrait en petits gâteaux, qui ne sont pas plus grands qu'une pièce de six sols, ou en rouleaux d'une grandeur considérable.

Nous avons déja dit qu'il n'y a qu'une seule espèce de cet arbrisseau, qui fournisse toutes les variétés de Thés : Kempfer, qui est de cette opinion, attribue ces différences du Thé au sol, à la culture de cette plante, à l'âge des feuilles, quand elles sont cueillies, & à leur préparation. Ces circonstances peuvent avoir plus ou moins d'influence particulière, quoiqu'on puisse douter qu'elles rendent compte de toutes les variétés qu'on observe dans le Thé.

J'ai fait infuser, dit Lettsom, toutes les espèces de Thés verds & de Thés bhouis que j'ai pu me procurer ; j'ai étendu les différentes feuilles sur du papier, pour comparer leur grandeur, leur forme, leur contexture, & pour tâcher de déterminer leur âge. J'ai trouvé que les feuilles du Thé verd étoient aussi larges que celles du Thé bhout, & presque aussi fibreuses. Ces observations me firent soupçonner que la différence ne dépend pas tant de l'age, que d'autres circonstances.

Nous savons qu'en Europe, le sol, la culture & l'exposition, ont une grande influence sur toutes les espèces de végétaux. La différence est

souvent frappante dans la même province, &
même dans le même canton ; mais au Japon, &
particulièrement dans le continent de la Chine,
ces circonstances doivent être encore plus remarquables, puisque, dans quelques endroits,
l'air y est très-froid ; dans d'autres il est modéré,
& même chaud excessivement. Nous sommes
persuadés que les procédés de la manipulation
doivent y entrer pour beaucoup. M. Lettiom
a séché les feuilles de quelques plantes d'Europe,
suivant la méthode usitée à la Chine : elles
ressembloient si fort au Thé étranger, qu'on a
vu, & qu'on a bu, sans aucune espèce de soup-
çon, l'infusion faite avec ces mêmes feuilles.
Dans ces préparations, les feuilles ont conservé
une friture parfaite & un beau verd, semblable
au meilleur Thé verd ; & d'autres, préparées
dans le même tems, ressembloient plus au Thé
bhout.

Cependant il ne faudroit pas trop s'attacher
aux résultats de quelques expériences, ni interdire des recherches ultérieures sur un sujet, qui
peut, dans la suite de tems, devenir un objet
d'un intérêt plus immédiat.

Nous pouvons toujours essayer de découvrir
si on n'emploie pas quelque artifice sur le Thé,
avant son exportation en Europe, à l'effet de
produire cette différence de couleur & de parfum, particuliers à quelques espèces ; on a trouvé
représentés, dans une suite de papiers Chinois,
les procédés de la préparation du Thé, &
entr'autres les figures de plusieurs personnes oc-
cupées vraisemblablement à trier les différentes
sortes de Thés, à les sécher au soleil, & en-
vironnées de plusieurs vaisseaux remplis d'une

fubſtance fort blanche, & en grande quantité. On ne ſait quel eſt l'uſage auquel on l'applique, ni quelle eſt cette ſubſtance. Cependant il y a tout lieu de douter qu'on l'emploie dans la fabrication du Thé.

Quelques perſonnes, ſoupçonnant que le Thé a été préparé ſur une platine de cuivre, ont attribué ſon beau verd aux parties métaliques qui s'en détachent; mais, ſi cette ſuppoſition a quelque fondement, l'aikali volatil, mêlé avec l'infuſion de Thé, détruiroit la plus légère portion de cuivre, en rendant l'infuſion bleuâtre.

D'autres, avec moins de vraiſemblance, ont attribué le verd du Thé à la couperoſe verte, mais cet ingrédient, ce vitriol factice, qui n'eſt qu'un ſel de Mars, teindroit ſur le champ les feuilles en noir; & l'infuſion du Thé ſeroit d'une couleur pourpre foncé. N'eſt-il pas plus probable qu'ils emploient, pour lui donner cette couleur, quelque teinture verte, extraite de quelque ſubſtance végétale?

Les Chinois ni les Japonois; ne font jamais uſage du Thé, qu'il n'ait été auparavant conſervé, au moins un an, parce qu'ils prétendent que, lorſqu'il eſt encore nouvellement cueilli, il eſt narcotique & trouble les ſens. Les premiers verſent de l'eau chaude ſur le Thé, & en tirent l'infuſion, comme on le pratique en Europe; mais ils le boivent tel qu'il eſt, & ſans y ajouter, ni ſucre, ni miel.

Les Japonois réduiſent le Thé en pouſſière fine, en en broyant les feuilles dans un petit moulin. Cette poudre eſt mêlée avec de l'eau chaude, en conſiſtance d'une bouillie claire, qu'ils hument à pluſieurs repriſes: c'eſt celui dont par-

ticullèrement font usage les grands & les gens
riches; il est fait & servi de la manière suivante.

On étale, devant la compagnie, les ustensiles
de la table à Thé, & la boîte dans laquelle est
renfermé le Thé en poudre; on tire de la boîte
autant de poudre qu'il en pourroit contenir sur
la pointe d'un petit couteau; on la jette dans
chaque tasse, & on la mêle & remue avec un
instrument à dents, artistement fait, jusqu'à ce
que la liqueur écume; alors on la présente à la
compagnie, qui la hume à diverses reprises,
tandis qu'elle est chaude. Suivant le père Duhalde; cette méthode n'est pas particulière aux Japonois, mais elle est aussi d'usage dans quelques
provinces de la Chine.

Les gens du peuple, qui se servent d'un Thé
plus grossier, le font bouillir quelque tems dans
l'eau, & font usage de cette liqueur pour leur
boisson ordinaire. Dès le matin, on remplit un
chauderon d'eau, on le met sur le feu, & on
jette dans le chauderon du Thé mis dans un
sachet; ou bien, ils ajustent une corbeille proportionnée au chauderon; qu'on a soin d'assujetir
au fond du vaisseau, afin qu'on puise l'eau sans
aucun embarras. Le *Bontsjaa* est le seul qu'on
emploie de cette manière, parce qu'une simple
infusion n'en pourroit pas détacher les principes
fixes & les particules résineuses.

Le Thé est la boisson ordinaire de tous les
gens de travail en Chine. On ne les voit guères
représentés, à quelque travail que ce soit, qu'on
ne leur apporte la théière & les tasses & qu'on
ne les voie placées à terre à côté d'eux. Les
moissonneurs, les batteurs en grange & tous
ceux qui travaillent dans les maisons ou au dehors, ne font jamais sans cette compagnie.

L'ufage de boire du Thé eft devenu prefque univerfel en Europe ; ainfi tout homme peut être regardé comme juge compétent de fes effets , au moins relativement à fa fanté ; mais, comme les tempéramens des hommes varient en raifon des individus, l'infufion de cette liqueur doit produire différens effets, ce qui eft la vraie fource d'un fi grand nombre d'opinions à ce fujet.

Ceux qui ont formé une fois un préjugé contre le Thé , laiffent prendre à cette prévention un trop fort afcendant fur leur jugement , & condamnent cet ufage, comme étant univerfellement pernicieux. Ceux qui fe jettent dans l'autre extrémité, voudroient que leur expérience particulière eût l'extenfion d'une loi générale, & attribuent à cette infufion, les vertus les plus illimitées. Cette contrariété d'opinions a particulièrement partagé les médecins, ce qui arrivera fur-tout toutes les fois que les préjugés & les fuppofitions prendront la place des expériences & des faits rapportés avec impartialité.

Cependant quelques médecins évitent de tomber dans les deux extrêmes ; fans louer le Thé , ni le décrier en général, ils en admettent l'ufage, quoiqu'ils connoiffent bien les inconvéniens qui en peuvent réfulter. Fixer & déterminer les bornes du bien & du mal dans l'efpèce préfente, eft l'ouvrage d'un efprit éclairé & dépouillé de toute prévention. Nombre d'hommes d'âge, de conftitution, de tempérament différent , en font ufage pendant le cours d'une longue vie, fans s'appercevoir d'aucun mauvais effet ; d'autres au contraire en éprouvent plufieurs inconvéniens.

Il eft difficile de tirer des conféquences certaines des expériences faites fur cette herbe. Les parties qui femblent produire ces effets oppofés nous échappent, l'analyfe ne nous en donne que les parties les plus groffières ; le Docteur Coakley Lettfom a fait les expériences fuivantes, avec l'attention la plus fuivie ; mais elles ne nous apprennent pas fuffifamment en quoi confifte cette propriété agréable, relâchante & fédative, qui eft, pour un fi grand nombre, douée d'une vertu qui les ranime ; ni pourquoi quelques-uns en éprouvent plufieurs effets défagréables ; l'obfervation doit fervir de flambeau dans cette recherche difficile, bien plus que la fimple expérience.

J'ai pris, dit le Docteur Lettfom, quantité égale d'une infufion d'excellent Thé verd & de Thé bhout commun, également forte ; une même quantité de la liqueur, qui me reftoit après la diftillation, & d'eau fimple, chacune defquelles, contenues dans des vaiffeaux féparés ; j'ai mis deux drachmes de viande de bœuf, qui avoit été tué depuis environ deux jours ; le bœuf, qui avoit été plongé dans l'eau fimple, devint putride en quarante-huit heures ; mais les portions qui avoient été mifes dans les deux infufions de Thé, & dans le réfidu de la diftillation, n'annoncèrent aucun figne de putrefaction, qu'environ foixante-douze heures après.

2°. Dans les fortes infufions de toutes les efpèces de Thés verds & de Thés bhouts, que j'ai pu me procurer, j'ai mis égale quantité de fel de Mars, qui fur le champ a teint les infufions d'une couleur pourpre foncée. Il eft évident, par ces deux expériences, que le Thé verd & le Thé bhout poffedent une vertu antifeptique & a aftrigente, lorfqu'ils font appliqués à la fibre d'un animal mort.

Cependant, comme j'ai fouvent obfervé, continue le Docteur Lettfom, que l'ufage du Thé, particulièrement du beau Thé verd, dont le parfum eft plus volatil, produifoit un relâchement remarquable fur plufieurs perfonnes d'un tempérament foible & délicat, je me fuis déterminé à pouffer plus loin mes recherches.

1°. J'ai diftillé une demi-livre du meilleur Thé verd & qui avoit le plus de parfum, avec de l'eau fimple, & j'en ai tiré une once d'une eau très-odorante & très-claire, dépouillée d'huile, & qui, après l'effai, n'a donné aucun figne de qualité aftringente.

2°. Le réfidu de la liqueur, après la ditillation, a été évaporé jufqu'à la confiftance d'extrait ; il étoit légèrement odorant, mais avoit un goût fort amer, ftyptigue ou aftringent. La quantité de l'extrait pefé, a donné environ cinq onces & demie.

Pour troifième expérience, on a injecté dans la cavité de l'abdomen, & dans le tiffu cellulaire d'une grenouille, environ deux drachmes de l'eau odorante diftillée. En vingt minutes la partie de derrière de la grenouille parut fort affectée ; furvint bien-tôt après une perte totale de mouvement & de fenfibilité ; l'affection du membre continua pendant quatorze heures, & l'engourdiffement univerfel dura environ neuf heures ; après quoi l'animal recouvra par dégré fa première vigueur.

On injecta de même une partie du réfidu du Thé verd, mais il ne produifit aucun effet fenfible.

Pour quatrième expérience, j'ai injecté quelques gouttes de l'eau diſtillée odorante ſur les nerfs ſciatiques, mis à nu ; j'ai de même injecté la cavité de l'abdomen d'une grenouille ; dans l'eſpace d'une demi-heure les extrêmités devinrent paralytiques & inſenſibles, &, environ une heure après, la grenouille mourut.

J'appliquai de même le réſidu de la diſtillation à une autre grenouille, & il n'en réſulta aucun effet ſédatif ni paralyſie ſenſible.

L'extrait diſſout dans l'eau, & appliqué aux mêmes parties, avec les mêmes circonſtances, n'eut point de ſuites remarquables.

2°. On peut conjecturer de ces expériences, que les parties relâchantes ou ſédatives, du Thé, dépendent beaucoup de ſes principes volatils odorans, qui abondent, ſur-tout dans le Thé verd, dont le parfum eſt plus exalté.

La pratique des Chinois ajoute une nouvelle autorité à ces expériences : ils ne font point uſage de cette plante, qu'elle n'ait été gardée au moins douze mois, ayant remarqué qu'elle poſ-ſéde une vertu narcotique & vénimeuſe.

Il y a des arbres dont l'ombre eſt chargée de molécules ſi dangereuſes, qu'on ne peut s'étendre ſur le gazon, aux pieds de ces arbres, ſans éprouver de violentes douleurs de tête ; ſur la cime élevée de l'Hélicon, on voit un arbre, dont la fleur tue un homme par la malignité de ſon odeur.

Quelqu'incertaines que puiſſent être les tentatives faites pour déterminer avec préciſion les effets du Thé, d'après ces ſeules expériences, obſervons & tâchons de raſſembler des faits qui puiſſent nous mettre en état de juger des effets

qu'il produit fur la conftitution humaine , & d'en
tirer les conféquences les plus claires fur les
dégrés de falubrité, & fur les dangers qui peuvent en réfulter.

Le long & conftant ufage du Thé, comme
faifant partie de notre régime , nous fait négliger
de rechercher s'il poisède quelques propriétés
médicinales. Nous tàcherons de le confidérer
fous ces rapports.

Le plus grand nombre de perfonnes qui jouiffent d'une bonne fanté, ne fe trouvent point
fenfiblement affectées par l'ufage du Thé : elles
le regardent comme un reftaurant agréable , qui
les rend propres au travail, rétablit leurs forces
épuifées. Il y a des exemples des gens qui en
ont bu , depuis l'enfance jufqu'à la vieilleffe,
qui ont toujours mené une vie active , fans fupporter de grands travaux, qui ne fe font jamais
apperçu que fon conftant ufage leur fût nuifible ,
& qui n'ont jamais reffenti aucune incommodité
qu'ils puffent imputer aux effets de cette liqueur.

En pareille circonftance, ces perfonnes de
l'un & de l'autre fexes pour la plupart, fe por-
toient bien , étoient agiffantes , & d'une conftitution tempérée; quelques-unes, d'une compléxion
moins robufte , fe plaignent cependant d'incommodité, que les partifans même du Thé attribuent à cette plante. Elles fe plaignent qu'après
avoir bu du Thé, à déjeûner , elles fe fentent
agitées; que leur main eft moins ferme pour
écrire, ou pour tout exercice qui exige de la
précifion dans les mouvemens. Cette incommodité fe diffipe bientôt, il n'en refte point d'autres effets. Il s'en trouve qui n'en font point
incommodés le matin ; mais s'ils en boivent
après

après le dîner, ils éprouvent des agitations &
une forte de tremblement involontaire.

Plufieurs même ne peuvent pas en fupporter
une feule taffe , fans tomber malades fur le champ,
& fans éprouver un dérangement d'eftomac. Il
occafionne à quelques-uns des douleurs d'eftomac
aiguës & cruelles, fuivies d'un tremblement univerfel ; mais en général, les tempéramens délicats
font plus affectés du fréquent ufage du Thé ;
ils font très-fouvent attaqués de douleurs d'eftomac & d'entrailles, d'affections fpafmodiques,
accompagnées d'une grande effufion d'urine pâle
& liquide , d'une vive agitation des efprits animaux , & d'une difpofition à être inquiétés &
déconcertés par le moindre bruit & par le plus
léger accident.

Cependant une des circonftances particulières ,
rend plus difficiles les recherches de certains effets
du Thé ; je veux dire l'opiniâtreté de plufieurs
perfonnes à ne vouloir pas nous donner un détail
fidele des fenfations défagréables , auxquelles
elles fe trouvent expofées, après un trop grand
ufage du Thé , quoiqu'elles fe rendent bien té-
moignage, à elles-mêmes qu'il y auroit une
extrême imprudence à en continuer l'ufage ,
après que l'expérience les a convaincues qu'il
leur eft nuifible.

On ne peut pas douter qu'il ne produife l'in-
fomnie dans quelques tempéramens, lorfqu'on en
boit le foir en trop grande quantité; il n'eft pas
bien certain que l'eau chaude, ou quelqu'autre
liqueur aqueufe , n'opère la même indifpofition.

Il eft bien avéré que le Thé vivifie , rafraîchit , infpire de la gaieté. Tous ces heureux
effets fembleroient prouver que le Thé renferme

un principe actif-pénétrant, qui communique aux nerfs une vive commotion, qui même occasionne des senfations très-défagréables, & des affections fpafmodiques aux tempéramens fufceptibles d'irritation. Dans les tempéramens moins fufceptibles d'irritation, il répand dans l'ame une fenfation douce & agréable, mais qui femble entraîner après elle une difpofition à des tremblemens & à des agitations pénibles & inquiétantes.

Plus le Thé eft parfait, plus fes effets font fenfibles. C'eft peut-être pour cela, qu'indépendamment d'autres raifons qu'on pourroit alléguer, que la plus baffe claffe du peuple, qui ne peut acquérir que le plus commun ; eft moins expofée en général à des indifpofitions. Je dis en général, parce que, même dans cette claffe, il y en a plufieurs à qui il eft réellement fort nuifible. Ces fortes de gens le boivent tant qu'il donne quelque teinture, & le plus fouvent trèschaud, dans l'intention de lui donner plus de parfum. La qualité & le dégré de chaleur les expofent aux mêmes accidens qu'éprouvent les gens d'un rang fupérieur, en buvant du Thé de la meilleure qualité.

Cependant on ne doit pas oublier d'obferver que, dans un grand nombre de cas, les infufions de nos plantes indigènes, telles que les menthes, le baume, le romarin & même la valériane, donnent fouvent naiffance à des réfultats femblables, & laiffent après elles cet anéantiffement, cette agitation des efprits animaux, ces flatuofités, ces anxiétés fpafmodiques, & autres fymptômes, auxquels font fujets le peuple, & la plupart des perfonnes dévouées à l'ufage du Thé.

Le Thé de la première qualité produit des effets qui lui font particuliers, & qui ne fe rencontrent point dans toutes les autres fubftances que nous connoiffons. Cette vérité eft avouée par tous ceux qui ont obfervé ce qui fe paffe en eux, & certifiée par le compte que d'autres rendent de leur fituation, après avoir bu de cette liqueur abondamment. Les meilleures efpèces de Thés bhouts ne font pas exemptes d'influences femblables; elles attaquent les nerfs, occafionnent des tremblemens, des palpitations, des agitations, pour les caufes les plus indifférentes.

Je connois, dit le Docteur Lettfom, des perfonnes des deux fexes; qui font conftamment faifies de mal-aife, de grandes anxiétés & d'oppreffions, toutes les fois qu'elles prennent une feule taffe de Thé, & qui néanmoins boivent fouvent plufieurs taffes d'eau chaude, mêlée avec du fucre & du lait, fans éprouver la plus légère incommodité.

Un Médecin de mes amis reçoit régulièrement cette impreffion de la plus petite quantité de Thé dont il fait ufage. S'il en boit avant le dîner, cette liqueur affecte fon eftomac d'une fenfation défagréable, pendant quelques heures, & lui ôte l'appétit à dîner; &, quand il prend du chocolat à déjeûner, il dîne parfaitement & avec appétit, & jouit de la meilleure fanté. S'il boit une feule taffe de Thé après dîner, il éprouve les mêmes accidens & eft privé du fommeil, pendant deux ou trois heures, la nuit fuivante : mais eft-il en fociété, il peut prendre une taffe d'eau chaude avec du fucre & du miel, fans en être aucunement incommodé.

L'opium opère ſur lui preſque les mêmes effets
que le Thé, mais à un plus grand dégré ; car,
quand par haſard il a pris une certaine quantité
de ſolution d'opium, elle ne lui procure aucune
diſpoſition au ſommeil ; mais elle excite dans
l'eſtomac des anxiétés, un mal-aiſe, qui reſ-
ſemblent beaucoup à des nauſées. Le Docteur
Lettſom dit avoir appris même d'un Médecin
eſtimé à Londres, qu'il a vu pluſieurs exemples de crachemens de ſang, ſeulement pour
avoir reſpiré un air chargé des parties volatiles
du Thé. Ceux qui en ſont un grand commerce ont
coutume de mêlanger différentes ſortes de Thés,
pour flatter le goût des acheteurs. Cette opération ſe fait pour l'ordinaire dans les arrières-
boutiques, où ils mêlent peut-être pluſieurs
caiſſes enſemble, & en même tems. Ceux qui
ſont employés à ce travail, en ſont fort ſouvent
incommodés à la longue ; les uns ſont ſubitement
attaqués de crachemens de ſang ou de ſaigne-
mens de nez ; d'autres ſont tourmentés de toux
violentes, qui finiſſent par la conſomption.

Nous ne rapportons ces détails, que pour
prouver qu'indépendamment d'une qualité relâchante & ſédative, il exiſte dans le Thé une
ſubſtance active, pénétrante, qui ne peut qu'o-
pérer, ſur pluſieurs tempéramens, des effets ſin-
guliers.

Un fameux Marchand de Thé, après avoir
examiné en un jour plus de cent caiſſes de Thé,
par la ſimple action de les porter au nez, &
cela néceſſairement pour en diſtinguer les qualités reſpectives, fut ſaiſi le lendemain de violens
vertiges, de maux de tête d'un ſpaſme univerſel,
de la perte de la parole & de la mémoire. Des

remèdes prompts & efficaces lui rendirent la ſanté
juſqu'à un certain dégré ; mais il ne fut pas
guéri totalement : la parole, la mémoire lui re-
vinrent en partie; mais il ne recouvra jamais
ſes premières forces : ſa ſanté devint chancelante ,
& il perdit ſes forces par dégrés. Il fut attaqué
d'une hémiplégie univerſelle , & enfin il mourut
épuiſé, & perdit toute eſpèce de ſenſibilité. On
peut peut-être douter que ces triſtes accidens
ſoien. l'ouvrage du Thé. Les exemples que nous
allons rapporter pourront ſervir à confirmer la
juſteſſe de nos ſoupçons, ou bien à les détruire.

Un aſſocié d'un Marchand de Thé ſe plaignoit
fréquemment depuis quelques ſemaines, de vertiges & de maux de tête, après avoir examiné
& mélangé différentes ſortes de Thés : les vertiges étoient quelquefois ſi conſidérables, qu'il
fut neceſſaire de lui donner quelqu'un pour le
ſuivre, afin de prévenir le mal qu'il pourroit
ſe faire, ſoit par une chûte, ſoit par quelques
autres accidens. On lui fit des ſaignées du bras
fort abondantes, mais ſans qu'il en réſultât aucun ſoulagement conſtant : ſes douleurs recom-
mençoient lorſqu'il retournoit à ſes occupations
ordinaires; enfin, on lui conſeilla de ſe faire
électriſer; les ſecouſſes furent dirigées vers la
tête : le lendemain il ſe trouva ſoulagé; mais
le jour d'après ſe termina par une triſte cataſ-
trophe. Je le vis, quelques heures avant ſa
mort. Il avoit perdu tout ſentiment, & l'uſage
de preſque tous ſes membres, & il tomba tout
à coup en apoplexie. Il n'eſt pas bien certain , ſi
les émanations du Thé ou de l'électricité furent
la cauſe de ce fatal évènement : conſidéré ſous
l'un & l'autre points de vue; ce cas mérite
beaucoup d'attention. L 3

Un jeune homme d'un tempérament délicat, avoit effayé plufieurs excellens remèdes pour un affoibliffement d'efprit, dont il étoit attaqué, & qui l'avoit jeté dans un état mélancolique, ce qui rendoit fa fituation dangereufe & inquiétante pour lui, & pour ceux qui l'environnoient. Je trouvois qu'il faifoit un très grand ufage du Thé : je lui prefcrivis un autre régime; il s'y foumit, &, dans la fuite, il recouvra infenfiblement fa fanté ordinaire. Quelques femaines après, il reçut un préfent de Thé excellent; il but pendant deux jours une quantité confidérable de cette infufion : les premiers accidens reparurent, abattemens, mélancolie, perte de mémoire, tremblemens, agitations, inquiétudes, ébranlemens des nerfs; je le vis une feconde fois, & j'attribuai fon état au Thé qu'il avoit bu. Depuis cette époque, il s'eft interdit cette liqueur & il jouit actuellement de fa première fanté.

J'ai vu, continue ce Docteur, des perfonnes délicates fe plaindre, pendant plufieurs années, d'abattemens & d'autres douleurs, qui font les fuites de l'affoibliffement & de l'irritation. Quoique d'habiles Médecins leur euffent ordonné des remèdes, les malades n'ont été foulagés, que lorfqu'ils fe font privés de l'infufion de cette plante exotique & aromatique. Le Docteur Lettfom, qui ne veut pas paffer pour avocat partial, ni pour accufateur paffionné, dit avoir vu fouvent avec chagrin, que le Thé avoit des qualités pernicieufes; car un homme né fenfible & qui aime l'humanité, peut-il fe refufer au plaifir de confidérer combien de milliers de nos compatriotes (*les Anglois*) jouiffent à la même heure de cette liqueur amufante? En effet, elle fert de véhicule à d'agréables converfations ; elle lie entre les deux fexes des parties de plaifirs innocentes ; elle tient lieu d'un régal agréable, fans le fecours des liqueurs fpiritueufes ; mais la juftice exige de nous quelque facrifice. Plufieurs auteurs habiles, l'opinion publique, l'expérience lui imputent la caufe de plufieurs incommodités grièves. Cette trifte claffe de maladies, connues fous le nom de maladies de nerfs, lui doit fon origine; au moins font-elles cruellement aggravées par l'ufage du Thé. Prétendre les nommer, ce feroit tranfcrire des volumes.

L'expérience nous apprend que les effets que produit l'abus d'une liqueur aqueufe & chaude quelconque, font, d'entrer promptement dans le cours de la circulation, de paffer rapidement par la voie des urines ou de la tranfpiration, ou par quelques fecrétions; fes impreffions fur les folides font de relâcher, & conféquemment d'affoiblir. Si ce liquide chaud & aqueux étoit en quantité confidérable, les inconvéniens qui réfulteroient, feroit proportionnés, & encore plus confidérables, s'il tenoit lieu de toute autre nourriture.

On peut avancer avec raifon que toutes les infufions des plantes peuvent être envifagées fous ce point de vue : cependant l'infufion du Thé a deux vertus qui lui font propres; il eft doué non-feulement d'une qualité fédative, mais encore d'une vertu aftringente, qui corrige en quelque façon la vertu relâchante attribuée à un liquide purement aqueux ; & auffi il eft peut-être moins nuifible, que quantité d'autres infufions de plantes qui, indépendamment de ce

qu'elles n'ont qu'une légère teinture de particules aramotiques, participent fort peu de cette
ftypticité qui prévient les foibleffes & le relâchement ; ainfi , fi le Thé n'eft pas de la première qualité, s'il n'eft pas bu trop chaud, ni
en trop grande quantité, il peut être préférable
à toute autre infufion végétale ; &, fi nous con-
fidérons fon énergie, fa vertu vivifiante on con-
viendra que le Thé ne doit notre attachement,
ni à fon haut prix, ni à l'empire de la mode,
mais à la fupériorité que lui donnent fur les autres
végétaux, & fon goût, & fes effets.

En Chine, toutes les claffes de cette nation
boivent du Thé, ou plus parfait, ou plus grof-
fier, & en grande quantité; la principale nourriture du peuple eft le riz, & fon unique boiffon eft le Thé. Les gens aifés boivent pareillement du Thé; mais ils fe nourriffent de mets
fucculens, & vivent dans l'abondance. Nous
connoiffons peu leurs maladies, encore moins
l'influence que le Thé peut avoir à cet égard;
mais nous favons qu'ils ne fe font jamais faigner,
pour quelque caufe que ce foit. Le Docteur
Arnot de Quanton eft le premier qui ait pu
déterminer quelques Chinois à fe faire faigner;
on en peut inférer, que les maladies inflammatoires ne font par extrêmement communes chez
eux; autrement, une nation qui eft fort attachée
à la vie, auroit pris le parti d'adopter un remède qui eft prefque le feul dans ce cas. Nous
pouvons donc conclure que les maladies inflammatoires, étant plus rares dans ce pays qu'en
tout autre, les habitans doivent probablement cet
avantage à l'ufage conftant & immodéré du Thé.
Si nous jetons un coup d'œil fur les maladies

décrites avec tant d'exactitude, il y a cent ans,
& , si nous les comparons avec ce que nous ob-
servons à présent, nous y trouverons peut-être
des raisons qui favoriseront notre proposition ;
& en effet en considérant la différence des dis-
positions inflammatoires du tems de Sydenham ,
qui a été un juge si éclairé dans ces maladies ,
& qui les a décrites avec tant de fidélité , il est
certain qu'elles étoient alors plus communes qu'elles ne le sont actuellement ; aussi les Médecins
les plus habiles & les meilleurs observateurs de
nos jours, sont pour la plupart d'accord , que
les vraies maladies inflammatoires sont beaucoup
plus rares à présent qu'elles ne l'étoient du tems
de Sydenham ; il est vrai que cette disposition ,
en admettant le fait, peut venir de différentes
causes: indépendamment de plusieurs autres, qu'on
pourroit alléguer , sur-tout pour l'Angleterre , il
est probable que le Thé peut y contribuer , &
principalement dans ce royaume.

Avant que le Thé fût en usage dans les Isles
Britanniques , le déjeûner de ce pays étoit composé de substances plus nourrissantes , telles que
le lait , préparé de différentes façons, l'ale & la
bière , du rôti , des mets froids , & autres. Ces
mets , les vins d'Espagne, & les vins les plus
excellens , étoient à la mode parmi les personnes
du plus haut rang ; & il est constant qu'un
tel régime, l'exercice qu'ils prenoient habituellement , donnoient au sang, & aux fluides, une
consistance bien différente de celles que peuvent
fournir le Thé, un peu de lait & de crême , du
pain & du beurre.

Ce n'est pas seulement au déjeûner qu'on peut
attribuer en Angleterre le changement essentiel ,

essentiel & si notable qu'on observe dans le
système animal, mais encore au repas de l'après-
dîner, qui doit aussi y entrer pour beaucoup.
On présente le Thé une seconde fois à la compagnie ; on en boit, & souvent immodérement.
Avant l'introduction de cette plante étrangère,
il étoit d'usage de traiter ses conviés d'une manière fort différente ; on servoit des gelées, des
tartes, des confitures ; que dis-je ? des viandes
froides, du vin, du cidre, de la bière forte,
& même des liqueurs spiritueuses, sous le nom
de cordiaux, & on en faisoit peut-être un excès
blâmable, & fort dangereux pour la santé.

Ce genre de repas entretenoit une disposition
inflammatoire, qui étoit le résultat de la vigueur, & d'une plénitude d'un sang riche, &
qui fomentoit les maladies qui tirent leur source
de causes semblables. Comme le régime de nos
ancêtres étoit plus substanciel, que leurs exer-
cices étoient plus violens, & que leurs maladies,
occasionnées par un sang riche, étoient plus
communes qu'on ne l'observe à présent, il semble qu'on peut raisonnablement supposer que ces
produits d'abattement, de foiblesse peuvent, en
grande partie, être imputés à l'usage du Thé :
nulle cause ne paroît, ni plus universelle, ni
plus probable (*C'est toujours des Anglois, dont
nous parlons, car l'usage du Thé n'est pas assez
universel chez nous*).

Ces propositions une fois admises, nous pouvons facilement déterminer quand & à qui l'u-
sage du Thé est salutaire, & à qui il peut être
réputé nuisible. Il peut être décidément plus utile,
par exemple, à ceux qui ont une disposition
naturelle à faire un sang *riche* & inflammatoire,

eu égard à leur exercice, à leur régime, soit au climat ou à toutes ces choses combinées, en ce qu'il relâche la tension & la trop grande roideur des solides, & qu'il délaie la partie de la lymphe, susceptible de coagulation.

Il y a des idiosyncrases, des tempéramens particuliers, qui opposent des exceptions aux loix générales. On voit, par exemple, des hommes qui jouissent d'une santé forte, constante, vigoureuse & inaltérable, chez qui quelques tasses de Thé donnent lieu à ces agitations qu'éprouvent les femmes hystériques; mais cet accident n'est pas général. Communément ces sortes de personnes supportent bien le Thé; il les rafraîchit, il les dispose à endurer la fatigue, comme s'ils avoient pris la nourriture la plus substancieuse. Après un exercice long & violent, le Thé a la vertu exclusive de rétablir les forces épuisées; il est incontestablement salubre aux personnes ainsi constituées, & il égale en propriétés s'il n'est même pas préférable à toutes les autres espèces de liqueurs agréables qui sont actuellement en usage.

Mais si nous considérons ce qu'on peut aisément supposer qui arrive à ceux qui sont d'un tempérament tout a fait opposé, c'est-à-dire, aux personnes délicates, foibles, dont les solides sont affoiblis, dont le sang est atténué & aqueux, l'appétit est perdu ou dépravé; qui ne font aucun exercice, ou qui n'en font qu'improprement dit; en un mot, à ceux dont la constitution n'est nullement disposée à l'inflammation, l'usage fréquent & immodéré de cette infusion, ainsi que des autres assaisonnemens qui l'accompagnent, doit inévitablement contri-

buer à anéantir les reftes languiffans de la chaleur vitale prefque éteinte.

Entre ces deux extrêmes fe trouvent plufieurs gradations; &, toutes chofes d'ailleurs
égales, le Thé en général fera plus ou moins
utile, ou dangereux aux individus, à mefure
que leurs conftitutions fe rapprochent plus de
ces contractes. Le Docteur Lettfom obferve,
ici, qu'à moins que le Thé foit pris comme remède, ou après une grande fatigue, la quantité
n'en eft nullement utile; qu'on ne doit jamais
le prendre trop chaud, & que le plus excellent
Thé, fpécialement le Thé verd, doit être plus
fufpecté que le commun, ou les efpèces mê-
langées.

Les expériences & les obfervations rapportées
ci-deffus, prouvent évidemment que le Thé pof-
sède des principes odorans & volatils, qui tendent en général à relâcher & à affoiblir le tempérament des perfonnes délicates, particulièrement
quant on le boit chaud, fans modération. Le
Docteur Lettfom a connu plufieurs perfonnes
ainfi conftituées, qui, interrogeant leur fanté,
s'étoient privées de cette infufion à la mode,
& qui s'en étoient bien trouvées; d'autres qui,
malgré qu'elles euffent obfervé que leur fanté
étoit altérée, en la facrifiant à leur goût pour
cette liqueur, en ont continué néanmoins l'ufage,
parce qu'elles n'avoient pas de quoi la fuppléer,
fur-tout pour leur déjeûner.

Mais fi ces perfonnes ne peuvent pas fe paffer
de cette liqueur favorite, elles peuvent certainement la prendre avec moins de danger, en
faifant bouillir le Thé pendant quelques minutes,
afin d'en faire évaporer les principes volatils.

qui sont les plus nuisibles, & en extraire les particules amères, astringentes, & les stomachiques, au lieu de le préparer comme on le pratique ordinairement.

Un Médecin distingué, de Londres, ayant plusieurs fois éprouvé ses effets pernicieux en le buvant, suivant la méthode accoutumée, s'est déterminé à essayer l'infusion préparée d'une autre manière. Il fit infuser le Thé dans l'eau chaude, le transversa quelques heures après, & le laissa reposer pendant la nuit : il le fit réchauffer le matin pour son déjeûner. Ce Médecin par ce moyen a pu prendre, sans aucun inconvénient, près du double de cette infusion, qui, lorsqu'elle étoit préparée, suivant l'usage reçu, lui avoit occasionné des attaques de nerfs très-funestes.

On obtient le même succès en substituant aux feuilles l'extrait du Thé : le Docteur Lettsom l'a souvent essayé, en le faisant dissoudre dans l'eau chaude ; c'est pour lui un stomachique amer, fort agréable. Comme, dans ce procédé, les particules odorantes du Thé sont évaporées, on le garantit en partie de ses effets, qui tendent à relâcher le système nerveux, inconvénient auquel on s'expose, en le buvant de la manière ordinaire. Cet extrait nous a été importé de la Chine en Europe, en petits gâteaux ronds & applatis, de couleur noire, qui ne pèsent guères qu'un quart-d'once chacun. Dix grains de ces petits gâteaux, dissous dans une suffisante quantité d'eau, peuvent suffire à une personne pour son déjeûner. On peut le préparer ici sans beaucoup de dépense & sans embarras.

Une infusion de fleurs de camomille romaine,

ou tout autre stomachique amer, pris après le relâchement, inconvénient attaché à cette plante exotique. Les infusions amères sont beaucoup plus salubres, quand on les boit froides.

Il est à remarquer que, dans toutes les formules & recettes, que donne le P. du Halde, pour administrer le Thé comme un remède stomachique, parmi les Chinois, on le fait bouillir quelque tems, & on le prépare de façon que les particules odorantes & volatiles se dissipent. Cette pratique, qui s'accorde avec les expériences rapportées, peut probablement avoir tiré son origine de la Chine, d'après une longue expérience, & des expériences répétées & constatées.

En résumant tout ce que nous venons de dire, il convient d'interdire cette infusion aux enfans & aux jeunes personnes; elle affoiblit leur estomac, altère la faculté digestive, & engendre plusieurs indispositions : il est rare que nous rencontrions ailleurs les principes des maladies scrophuleuses aussi souvent que chez la postérité foible & languissante des habitans des villes, sur-tout en Angleterre, dont tout le déjeûner & le souper consistent, la plupart du tems, en une foible boisson de Thé ordinaire, avec l'assaisonnement d'usage. Des familles plus éclairées se conduisent avec plus de discrétion. La connoissance de ses dangereux effets l'a décrédité parmi plusieurs d'entre elles. Elle ne doit pas entrer dans le régime ordinaire des collèges & des pensions. Si on l'accorde quelquefois comme un régal, on doit en même tems instruire les enfans, que le constant usage de cette liqueur nuit à la santé, flétrit les forces & altère en général le tempérament. Tout ce que nous venons de dire touchant le régime du Thé, regarde spécialement l'Angleterre, où il est fort en usage ; car, en France, son usage n'est pas universel ; cependant, on doit en conclure qu'on doit éviter, dans nos contrées, d'en user immodérément.

En médecine, le Thé a perdu beaucoup de son crédit ; à peine est-il indiqué comme un bon diaphorétique ; cependant, dans les cas où il est nécessaire de délayer, il relâche & facilite les sécrétions ; il est pour le moins aussi utile que la plupart des infusions : car, indépendamment de ces mêmes qualités, il paroît qu'il contient quelque vertu sédative dans ses principes, effet approchant d'un opiat. Ainsi que cette classe de remède il adoucit peut-être aussi efficacement le mal-aise, que toutes nos infusions aqueuses ; &, comme une petite dose d'opium, il facilite souvent le sommeil, & augmente la circulation des esprits.

Lorsqu'il est nécessaire de prendre une forte dose de Thé, pour produire ou entretenir une évacuation, une transpiration abondante, on peut administrer très-efficacement & très-à-propos une décoction de Thé, ou une forte infusion, particulièrement dans les maladies inflammatoires ; la vertu sédative du Thé, aidé de l'action délayante de l'eau chaude provoque en général la transpiration, sans stimuler, ni irriter le système nerveux. Les Chinois, le plus communément, le donnent en décoction, comme un remède dans une infinité de maladies ; mais si on fait infuser une grande quantité de Thé choisi, qu'on transvase l'infusion aussi-tôt, afin d'en obtenir les particules les plus volatils, & qu'on la boive chaude, elle semblera mériter la préférence, comme atténuante & comme relâchante Le Docteur Lettsom a donné plus d'une fois de bon Thé verd en substance dans un véhicule délayant, & il a observé qu'il en résultoit presque les mêmes effets que si on le prenoit en infusion. Trente grains de cette sorte de Thé, mis en poudre, pris trois ou quatre fois, à plusieurs heures d'intervalle, détendent en général les solides, diminuent la chaleur, dissipent l'insomnie, les inquiétudes & préparent à la transpiration. Cette dose, qui excite pour l'ordinaire une légère nausée, sollicite plus sûrement la transpiration, & mitige les symptômes qui accompagnent les maladies inflammatoires. Si on double la dose, la nausée & la maladie augmentent, & le malade éprouvera, pendant quelque tems, autour de la région de l'estomac, des douleurs, des angoisses, une pesanteur, qui, le plus souvent, disparoissent par les selles.

On dit qu'au Japon & à la Chine la pierre est une maladie très-rare, & que ces peuples pensent que le Thé a la vertu de la prévenir. Des personnes épuisées par les fatigues d'un long voyage, ou après un violent exercice, & affectées d'une sensation douloureuse, d'un mal-aise général, accompagné de soif & d'une chaleur ardente, en en buvant quelques tasses, trouvent un soulagement subit. Il détrempe doucement; c'est un sédatif agréable, après un long repas, quand l'estomac est chargé, que la tête est pesante, douloureuse, & que le pouls est élevé.

En considérant le Thé sous un autre point de vue, nous observerons que, comme le luxe de toute

de toute efpèce eft augmenté en raifon de l'accroiffement des fuperfluitésétrangères, ce luxe a
contribué, plus ou moins, à ces maladies &
à ces foibleffes de nerfs qui font maintenant fi
fréquentes. Entre ces caufes, l'excès des liqueurs
fpiritueufes eft une des plus confidérables ; mais
la fource primitive de cette pernicieufe coutume
eft due fouvent à la foibleffe & à la débilité du
fyftême nerveux, occafionnées par l'habitude
journalière de boire du Thé. Une main trem-
blante cherche un fecours momentané dans quelques cordiaux : on s'imagine par-là fortifier,
ranimer les nerfs affoiblis, de forte que ces perfonnes tombent par néceffité dans une habitude
d'intempérance, & répandent fouvent fur leur
poftérité nombre d'incommodités, qu'une con-
duite oppofée leur auroit épargnées.

Une autre fatale conféquence, qui réfulte de
cette coutume générale de boire du Thé, en
Angleterre, affecte particulièrement cette claffe
pauvre du peuple, condamnée au travail : leurs falaires modiques peuvent à peine fuffire à leur procurer les néceffités de la vie & les alimens fains ;
plufieurs le piquant de s'élever au niveau des
perfonnes plus riches qu'eux, d'imiter leur luxe,
diffipent follement leurs petits falaires, pour
acquérir cette herbe à la mode, & font affez
inconfidérées, que de fe priver des moyens
d'acheter, pour eux & leurs familles, des alimens fains & convenables : il eft démontré actuellement que l'Angleterre feule confomme trois
millions de livres pefans de Thé. Dans la province de Fokien, en Chine, on tire de l'huile
de l'amande des graines de Thé ; on emploie,

dans les pays, cette huile en alimens, & pour les peintures. Dans des deſſins venus de Chine, ſur la façon d'y travailler les vernis on voit des ouvriers occupés à rendre deſſicative l'huile de Thé, ils la remuent dans une baſſine miſe ſur un fourneau.

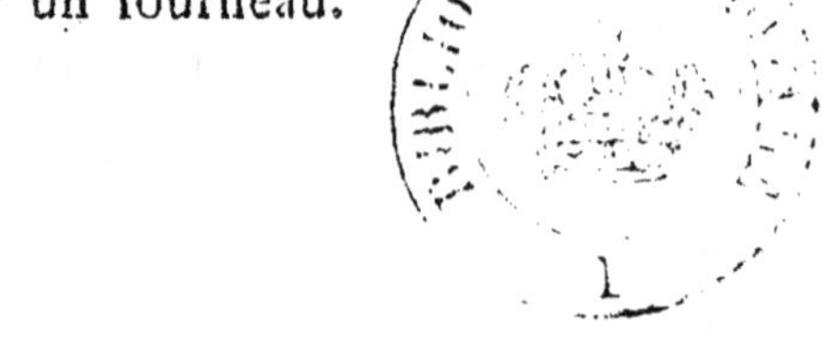

DISSERTATION

EN FORME

DE SUPPLEMENT,

Sur les plantes qui peuvent remplacer le Thé.

Nous allons très-souvent chercher chez l'étranger des plantes inférieures en vertu à celles que nous possédons ; nous avons en France plusieurs plantes qui pourroient nous être d'une plus grande utilité que le Thé, & que les Chinois & les Japonois se trouveroient heureux de posséder. La véronique mâle occupe sans contredit le premier rang parmi les plantes qu'on peut substituer au Thé ; presque tous les auteurs de pratique & de matière médicale en ont recommandé l'usage préférablement à ce végétal exotique : plusieurs, entr'autres, Franck, Cohausen, Hoffman, Sattler & Goer, ont publié des Dissertations très-savantes pour en démontrer la supériorité, & même par une convention unanime, on lui a déféré le titre de *Thé de l'Europe.*

Entre les différens Thé de la Chine, il pourroit à la vérité s'en trouver des premières qualités qui soient plus agréables au goût que la Véro-

M 2

nique, mais en revanche celle-ci l'emporte de beaucoup fur tous les Thés communs & médiocres, dont le plus grand nombre fait ufage.

M. Burtin, Médecin de Bruxelles, dit que dans fa ville plufieurs de fes connoiffances fe fervent aujourd'hui de Véronique communément & de préférence au Thé; il ajoute même que plufieurs en ont bu chez lui fans être prévenus, & l'ont prife pour du bon Thé de la Chine; & fi quelques-uns de ceux qui en ont pris, n'y ont pas trouvé le même goût & la même faveur du Thé, c'est qu'ils ont pris la Véronique chez le premier venu, telle qu'on la trouve ordinairement, cueillie fans foin, féchée & confervée fans précaution, remplie de pouffière & d'ordure, & fouvent furannée.

On fait que les Chinois ont fait de la récolte du Thé un art. Pourquoi en Europe ne pas s'aftreindre à quelques formalités pour la Véronique? Il ne faudroit la cueillir que pendant un tems fec, long-tems après le lever du foleil; toutes les feuilles mal-faines, fanées & qui ne font pas d'un beau verd, doivent être rejetées. Après leur récolte, on les féchera le plus promptement poffible, en prévenant neanmoins autant qu'on peut la diffipation des parties volatiles; après quoi il faut les conferver dans des bouteilles ou boëtes très-exactement fermées. Au moyen de ces précautions, auxquelles on pourra dans la fuite en joindre d'autres que l'ufage indiquera, telles que de ne la cueillir qu'au printems, on peut être affuré de retrouver dans la Véronique un Thé préférable à tout autre; & comme la Véronique varie en efpèces & en faveur on pourra fatisfaire tous les goûts; le

teucrium verum a, par exemple, un goût excellent au rapport des Médecins de Berlin.

2°. Les fleurs de *bouillon blanc* peuvent aussi
très-bien remplacer le Thé, & même le surpas-
ser par un goût beaucoup plus agréable.

3°. Les feuilles de Sainfoin, *hedysarum ono-
brychis. Linn.*, ont la propriété de se contour-
ner comme le Thé verd, & d'en avoir le goût
& l'odeur, lorsqu'elles sont cueillies & séchées
avec soin ; aussi il arrive souvent que des marchands, amis du gain, en mêlent avec le Thé
verd.

4°. Depuis long-tems les feuilles de Spirara,
Spiræa salici folia. Linn., sont en usage dans la
Brabant Autrichien, au lieu de Thé, chez dif-
férentes personnes de la campagne.

5°. Une plante qui l'emporteroit encore sur
le Thé, est la Reine des bois. Feu Staniflas I,
Roi de Pologne, Duc de Lorraine & de Bar,
s'en est servi avec le plus grand plaisir, pendant
plusieurs années, en guise de Thé.

6°. *Simon Pauli* a prétendu avoir découvert
en Europe du vrai Thé dans le *myricagale*, le
gale frutex Odoratus Septemtrionalium, le myrthe
hollandois ; il est indigène en Angleterre, en
Brabant & dans plusieurs endroits de la France,
on en prescrivoit les feuilles, mais actuellement
ou n'en fait plus d'usage.

7°. Les feuilles de cresson de roche donnent
aussi un excellent Thé, agréable au goût & utile
à la santé, nous donnerons une dissertation particulière sur cette plante indigène.

8°. On peut substituer à l'usage du Thé, celui des feuilles de sauge, de bétoine, d'aigre-
moine, d'églantier & de plusieurs autres plantes,

de même que des fleurs de fureau. Ces plantes, outre la qualité du Thé qu'elles possèdent, ont encore d'autres excellentes qualités qui doivent les faire rechercher.

9°. Le *Sideroxilon lycioïdes* nous donne aussi un excellent Thé ; il se nomme vulgairement Thé de Boerrhave.

10°. Fréziér vante beaucoup, dans son voyage de la mer du Sud, les vertus du *Pforalea glandulofa* de Linné. L'infusion de ses feuilles, suivant lui, est stomachique ; les habitans du Chili les appliquent avec succès sur leurs blessures.

11°. Le P. Labat a cru avoir découvert la plante du vrai Thé à la Martinique ; mais il paroît, d'après ce qu'il a dit, que c'est une espèce de Lyfimachie, ou ce qu'on appelle Thé des Indes occidentales, Thé sauvage, Thé américain ; ses feuilles, cueillies & expofées au foleil, fe sèchent & fe roulent d'elles-mêmes.

12°. Le genre des plantes appelé par Kœmpfer *t Subakki*, porte le caractère de la plus grande reffemblance avec le Thé ; c'est le *Camellia Japonica* ; ses feuilles font fi femblables à celles du vrai Thé, qu'elles tromperoient les Botaniftes les plus exercés ; Kœmpfer obferve qu'on conferve les feuilles d'une espèce de *t Subakki*, & qu'on les mêle avec le Thé, pour pour lui donner une bonne odeur.

13°. Le Thé de Labrador, *Vezacepucha*, est trop fameux pour n'en pas parler ici. Un Georgryphille qui habite fur le mont Fichtelberg, montagne très-haute & très-stérile de la Franconie, a annoncé dans les papiers publics, il y a environ douze ans, que cinq ou fix feuilles au plus de ce Thé suffisent pour deux bonnes tasses; lorsqu'on en froisse une seule entre les doigts, elle rend une odeur semblable à celle des meilleurs citrons; cet agriculteur allemand en offroit même la graine à tous ceux qui en vouloient essayer la culture; on peut planter cette graine dans un terrein froid; il faut la garantir de l'ardeur du soleil & de la trop grande sécheresse, de même que d'un froid trop vif, jusqu'à ce que la plante soit bien enracinée; en général, ce Thé aime un air tempéré & un sol plus humide que sec.

Lorsque la plante est parvenue à la hauteur d'un pied, on peut en couper les plus grandes feuilles, que l'on fait sécher au grand air & à l'abri des rayons du soleil. Cette première espèce de Thé est la meilleure; elle répond au *The imperial de la Chine*; la seconde coupe se fait vers la fin d'Août de la même manière, c'est le *Thé verd* des Chinois; enfin, au commencement des froids, on fait la troisième coupe; c'est le *Thé bhout*: c'est pour lors qu'on recueille la semence. Vers la fin de l'automne, la plante doit être transportée dans une bonne serre en hiver; l'année suivante, elle est beaucoup plus forte & produit une récolte plus abondante.

14°. Il ne faut pas aussi oublier de dire un mot du *Cassine vera floridanorum*. Miller assure que c'est le véritable Thé de Paraguay; il ajoute que les Indiens de la mer du Sud en font beaucoup de cas, & que les sauvages septentrionaux en font un grand usage pour leur santé. Frézier, déja cité, rapporte que les Espagnols usent de ce remède contre les exhalaisons des mines du Pérou, & qu'on en fait un grand usage à Lima;

cette liqueur est préférée au Thé ; elle a un goût plus agréable ; le commerce de ce Thé se fait à Santafé ; on l'apporte par la rivière de la Plata. On en distingue deux espèces : l'une appelée *yerva de Palos*, & l'autre *yerva de Camini*. Celui qui vient du Paraguay, se vend la moitié plus cher que l'autre. Ce détail porte à croire que l'*Apalachine* & le *Thé du Paraguay* font deux espèces de ce Cassine ; le nom d'*Apalachine* est celui que nous lui donnons le plus communément ; les Anglois le nomment *Thé de Peraguay* ou *Juppen* ; mais ces conjectures méritent d'être approfondies. Nous nous étendrons plus particulièrement sur cet objet, dans une dissertation que nous donnerons sur le Thé de Paraguay.

15°. On se sert encore en guise de Thé, des feuilles de Moldavie, de même que de celles du bois de Sainte-Lucie. Quelques Suédois ont aussi voulu suppléer le Thé par les feuilles de l'*Acacia sylvestris* ou *Prunus spinosus* ; d'autres par les feuilles de l'*Origan*, ceux-ci par les feuilles du *Rubus atticus* ; ceux-là par les feuilles du *Chenopodium ambrosoïdes*, du *Veronica Chœmadrys*, & du *Veronica postrata*. Les François ont fait l'éloge du *Capraria biflora*, & M. Bernard de Jussieu recommandoit l'infusion du *Prinos glaber* ou *Apalachine* des Américains ; mais malgré tous les éloges bien mérités de la plupart des plantes que nous avons rapportées, le Thé a toujours conservé sa supériorité.

On fait avec le Thé une liqueur excellente. Pour la faire, prenez quatre onces de *bon Thé impérial* ; c'est le meilleur ; ou à son défaut, du *Thé vert*. Jetez cette dose dans une chopine d'eau bouillante ; retirez la cafetière du feu, fermez-la exactement ; donnez le tems au Thé de le développer. Cette première infusion n'étant plus que tiède vous aurez une forte teinture ; versez-la avec les feuilles de Thé dans neuf pintes d'eau-de-vie ; bouchez bien la cruche, & laissez le tout en infusion pendant huit jours ; si, au bout de ce tems, l'eau - de - vie n'a pas contracté une odeur de Thé agréable & tirant un peu sur la violette, ce sera une preuve que le Thé n'est pas d'une qualité excellente ; en ce cas, prenez encore deux onces de Thé ; jettez-les dans un demi-septier d'eau bouillante ; tirez-en la teinture comme la première fois, & ajoutez-la à votre infusion que vous continuerez pendant huit autres jours ; il sera pour lors tems de la distiller ; vous commencerez cette opération & vous la finirez au bain-marie, en observant de passer jusqu'au plus fort filet pendant les quatre premières pintes qui sortiront ; vous les cohoberez, en diminuant le dégré du feu ; vous continuerez la distillation au petit filet jusqu'à ce que vous en ayez tiré cinq pintes ; vous cesserez pour lors ; faites votre sirop à froid, en faisant fondre cinq livres de sucre dans cinq pintes d'eau ; mettez-y les cinq pintes d'esprit de Thé, & filtrez selon l'Art. La liqueur de Thé est douce & fort agréable ; elle approche assez de l'eau-de-vie d'Andaye ; elle en a les mêmes propriétés ; elle est, ainsi qu'elle, souveraine contre les indigestions ; comme elle est très-diurétique, elle dégage les reins & appaise les douleurs néphrétiques.

F I N.

N